"十四五"职业教育国家规划教材

工业和信息化"十三五"
高职高专人才培养规划教材

ASP.NET
动态Web开发技术

ASP.NET Dynamic Web Development Technology

郭玲 李俊平 ◎ 主编

范新灿 ◎ 主审

U0300383

人民邮电出版社

北 京

图书在版编目（CIP）数据

ASP.NET动态Web开发技术 / 郭玲，李俊平主编. --
北京：人民邮电出版社，2017.8
工业和信息化"十三五"高职高专人才培养规划教材
ISBN 978-7-115-46181-0

Ⅰ. ①A… Ⅱ. ①郭… ②李… Ⅲ. ①网页制作工具－
程序设计－高等职业教育－教材 Ⅳ. ①TP393.092.2

中国版本图书馆CIP数据核字(2017)第148384号

内 容 提 要

本书系统地讲授在 Visual Studio 2015 集成开发环境中，使用 ASP.NET 和 C#开发动态 Web 项目的流程与技术。全书围绕实际工程项目展开，着重培养学生的动手开发能力。

全书包括 11 章，主要介绍了.NET Framework 和 ASP.NET 技术的基础知识、使用 Visual Studio 平台开发 ASP.NET Web 应用的基本流程和方法、C#编程语言、ASP.NET 标准服务器控件、验证控件、状态管理技术、母版页和主题技术、数据访问技术、网站导航技术以及 ASP.NET 网站的发布与部署。最后通过一个完整 Web 项目的开发实践，介绍使用 ASP.NET 技术设计和开发 Web 应用程序的基本原则及常见网站效果、任务的开发技巧、项目编程规范等。

本书注重基础，由浅入深、案例翔实、实用性强，适合作为高职高专院校计算机类相关专业的教材，也可作为 Web 编程爱好者的自学用书。

- ♦ 主　编　郭　玲　李俊平
- 　主　审　范新灿
- 　责任编辑　左仲海
- 　责任印制　焦志炜
- ♦ 人民邮电出版社出版发行　　北京市丰台区成寿寺路 11 号
- 　邮编　100164　电子邮件　315@ptpress.com.cn
- 　网址　http://www.ptpress.com.cn
- 　固安县铭成印刷有限公司印刷
- ♦ 开本：787×1092　1/16
- 　印张：15.75　　　　　　　　　2017 年 8 月第 1 版
- 　字数：363 千字　　　　　2024 年 12 月河北第 15 次印刷

定价：45.00 元

读者服务热线：(010)81055256　印装质量热线：(010)81055316
反盗版热线：(010)81055315
广告经营许可证：京东市监广登字20170147号

前　言 FOREWORD

　　ASP.NET 技术是微软公司推出的动态 Web 开发技术，它提供了丰富的控件与多种服务，开发人员可以用尽可能少的代码来构建功能强大的 Web 应用，具有高效、强大、安全可靠等特点。ASP.NET 技术历经十几年的稳步发展，版本不断升级，已经非常成熟可靠，作为当今主流的三大 Web 应用开发技术之一，ASP.NET 具有相当的市场份额，受到众多 Web 应用开发工程师的欢迎，是高职高专院校计算机相关专业学生学习的一项核心技术。

　　本书围绕职业实践能力的综合培养这一核心思想，突出以实践为导向，理论与实践相结合。本书以"项目引导"的方式，依托完整的 Web 应用项目来组织全书的内容，详细讲解 ASP.NET 的各项开发技术及其开发平台工具的使用，介绍建设基于数据库的动态网站的基本流程和方法。在讲解知识技术的同时，本书非常注重介绍 Web 应用项目的开发规范。

　　本书的参考学时为 56 ~ 64 学时，建议采用任务驱动的教学模式，以完成工作任务为核心，来构建专业理论知识结构及专业技能。全书可以分为 12 个任务单元，学时分配参考如下表所示。

学时分配表

序号	任务单元	教学内容	学时建议
1	ASP.NET 基础	ASP.NET 技术基础知识，建立开发环境，创建网站与网页	2
2	语言基础	C#语言编程	6
3	构建界面及功能	页面布局，使用服务器控件，制作用户注册、个人信息、用户建议反馈页面	8
4	验证用户输入	数据验证控件，保证输入有效性，检查注册、个人信息页面的用户输入	2
5	保存和传递网页信息	状态管理技术，制作登录模块、主页及其功能，完善注册和个人信息页面功能	4

续表

序号	任务单元	教学内容	学时建议
6	美化网页，统一风格	母版与主题技术，统一网站风格并实现换肤功能	4
7	访问与操作数据库	数据绑定控件结合数据源控件访问、维护数据库，制作学生信息查看和管理模块，实现学生成绩查看功能	8
8	复杂的数据库操作	ADO.NET 编程模型查询、维护数据库，完善学生信息管理功能，制作学生信息查询、学生成绩查询模块	8
9	网站导航	使用站点地图和导航控件，制作网站下拉导航菜单、树形导航菜单和页面导航路径	2
10	发布部署网站	搭建网站运行环境，发布和部署网站	2
11	网上宠物店项目	ASP.NET 动态网站开发流程与规范，分析设计及实现 Web 应用项目	16
12	课程考评		2

本书假设读者已具备基本的网页设计知识，对于使用 HTML 元素和 CSS 样式表实现页面的布局与美工外观已经有一定的了解。本书的 ASP.NET 编程采用 C#语言，对于具备 C 或 C++基础的读者，安排了第 3 章的内容学习 C#语言的语法及其使用特点，以满足在 ASP.NET 网页编程中的需要。对于学习过 C#语言的读者，可以略过或者花少量时间复习相关内容。

本书由郭玲、李俊平主编。其中，第 1、2、4 ~ 10 章由郭玲编写，第 3、11 章由李俊平编写。全书由郭玲负责统稿，范新灿主审，感谢王梅、刘凯洋、曾建华、邹平辉等在写作过程中提供的帮助。

本书案例开发环境为 Visual Studio Community 2015，采用 SQL Server Express LocalDB 数据库，所有实例的源代码均可以通过人民邮电出版社教育社区（www.ryjiaoyu.com）获取。

由于时间仓促，书中难免存在疏漏之处，恳请专家和广大读者提出宝贵意见。

编　者

2017 年 3 月

目 录 CONTENTS

第 1 章 ASP.NET 概述与开发环境搭建

.NET 框架（.NET Framework）是微软的新一代技术平台，提供了一个统一的面向对象的编程环境。ASP.NET 是.NET 框架的一部分，是一个统一的 Web 开发模型。本章主要介绍.NET 框架和 ASP.NET 技术的基础知识，以及使用 ASP.NET 开发 Web 项目的开发环境的搭建。

学习目标

- 了解网页技术的发展历程；
- 了解.NET 框架以及 ASP.NET 技术；
- 搭建 ASP.NET Web 项目开发环境；
- 熟悉 Visual Studio Community 2015 集成开发环境。

1.1 静态网页与动态网页

20 世纪 90 年代初，欧洲粒子物理研究所的科学家提姆·纳斯李（Tim Berners-Lee）开发出万维网（World Wide Web）和极其简单的浏览器软件，第一个网站宣告诞生，随后互联网开始向社会大众迅速普及。当前，各类网站已经广泛应用于人们的办公、事务处理、商务、社交、娱乐休闲等各项活动，深入到了社会和生活的方方面面。

1. 静态网页

一个网站是由多个网页组成的，早期的网站包含的基本上都是静态网页。静态网页主要由超文本标记语言（HTML）制作而成，网页的文件名以.htm、.html、.shtml 等为后缀。静态网页制作完成后，页面上显示的内容和格式是固定不变的，如果需要改变，就必须去修改页面代码。需要注意的是，静态网页上是可以出现各种动态效果的，比如动画、滚动文字等，但这些只是页面具体内容在视觉上的"动态效果"，切不可与后面将介绍的动态网页进行混淆。

静态网页运行速度快，内容相对稳定，易被搜索引擎检索，但在功能方面有较大的局限性，页面内容更新起来比较麻烦，所以一般对于功能简单、内容更新少的网页，常常采用静态网页的方式制作。

2. 动态网页

近二十多年来，网页技术得到迅猛发展，互联网应用领域不断地扩展，用户对网站不断提出新的要求，网站开发很快从静态网页发展到以动态网页为主的阶段。相对于静态网页而言，动态网页的网页文件是在基本的 HTML 语言的基础上，加入了诸如 Java、C#、PHP 等程序语言编写的代码，进而实现网站所需的特定功能。这些程序代码使得用户和网页之间可以进行交互，网页输出的内容将根据客户端的不同请求而动态呈现不同的结果。动态网站通常基于数据库技术构建，融合了程序设计语言、数据库编程等多种技术，可以实现强大的网站功能。常见的购物车、论坛、电子图书馆、网上投票等都是利用动态网页实现的。

采用不同技术制作的动态网页，其后缀将有所不同。动态网页的后缀通常有 .aspx、.asp、.jsp、.php、.perl、.cgi 等，这与网页所采用的开发技术有关。动态网页不能直接由浏览器解释输出，必须经过服务器的处理后再传送给浏览器输出呈现。

1.2　常见的动态网页开发技术

动态网页开发技术经历了各个阶段的发展，目前最常见的有 ASP.NET、JSP 和 PHP 3 种。

1. ASP.NET

ASP.NET 是微软公司于 2002 年推出的新一代综合性平台架构——Microsoft .NET 框架的一部分。它是一个统一的 Web 开发模型，提供了多种服务，开发人员可以用尽可能少的代码来构建功能强大的 Web 应用。ASP.NET 可以建立包括从小型的个人网站到大型的企业级 Web 应用等各种类型的项目，系统具有高效、强大、安全可靠等特点。开发人员可以选用包括 Microsoft Visual Basic、C#、JScript.NET 和 J#等多种程序语言来编写基于该平台的应用。ASP.NET 开发的 Web 应用运行于 Windows 的 Web 服务器 IIS（Internet Information Server）之上。关于 ASP.NET 的发展历史和特点将在 1.3 节中详细介绍。

2. JSP

JSP（Java Server Pages）是由 Sun Microsystem 公司于 1999 年 6 月推出的动态 Web 开发技术。它在传统的 HTML 网页文件中插入 Java 程序段（Scriptlet）和 JSP 标记（Tag）形成 JSP 文件，基于 Java Servlet 以及整个 Java 体系，实现 HTML 语法中的 Java 扩展。

JSP 将网页逻辑与网页设计的显示分离，支持可重用的基于组件的设计，使基于 Web 的应用程序的开发变得迅速和容易。JSP 具备了 Java 技术的简单易用、完全面向对象且安全可靠的特点。用 JSP 技术开发的 Web 应用是跨平台的，具有平台无关性，既能在 Linux 下运行，也能在其他操作系统上运行。

3. PHP

PHP（Hypertext Preprocessor）是一种通用开源脚本语言，主要适用于 Web 开发领域。PHP 于 1994 年由 Rasmus Lerdorf 创建，最初是为了维护个人网页而制作的一个简单地用 Perl 语言编写的程序，后来又用 C 语言重新编写。PHP 的语法借鉴了 C、Java、Perl 等语言，它将程序嵌入 HTML 文档中执行，执行效率高。PHP 也可以在编译优化后运行，使代码运行更快。

PHP 跨平台性强，可以运行在 UNIX、Linux、Windows、Mac OS、Android 等平台，同时具有免费和代码开源的特点。PHP 开发环境最经典的组合就是 PHP+MySQL 数据库+ApacheWeb 服务器三者结合，简称 AMP，非常适合开发中小型的 Web 应用，开发速度比较快，而且所有软件都是开源免费的，有助于开发方减少成本投入。

1.3　ASP.NET 概述

1.3.1　.NET 框架

.NET 框架（.NET Framework）是微软的新一代技术平台，是支持生成和运行下一代应用程序和 XML Web Services 的综合性开发平台。

.NET 框架提供了一个统一的面向对象的编程环境，在这个技术平台上既可以开发基于 Windows 的应用程序，也可以开发基于 Web 的应用程序、Web Services 服务系统以及 Mobile 移动网络应用系统。基于.NET 框架，开发人员在面对这些类型完全不同的应用程序时，可以保持一致的编程模式。

.NET 框架支持多种语言，包括 C#、VB.NET、J#、C++和 JScript.NET。它提供了一个跨语言的统一编程环境，语言互操作性是.NET 框架的一项主要功能。基于此功能，开发人员可以很容易地设计出能够跨语言交互的组件和应用程序，即用不同语言编写的对象可以互相通信，行为可以紧密集成。

.NET 框架除了公共语言运行时（Common Language Runtime，CLR）服务之外，还包含一个由 4000 多个类组成的内容详尽的类库，这些类用以广泛地处理常见的各种功能任务。使用.NET 框架平台，在应用开发过程中可以屏蔽底层细节简化开发，开发人员编写程序更为简单快速。

同时，.NET 框架使用公用的业界标准，按照工业标准生成所有通信，确保了基于.NET 框架的代码可以与其他任何代码集成。

1.3.2　.NET 框架的结构

从层次结构来看，.NET 框架包括如下四个主要组成部分。

● 公共语言运行时；

● .NET 框架类库及 ADO.NET；

● 应用程序平台，包括传统的 Windows 应用程序模板（Windows Forms）和基于 ASP.NET 的面向 Web 的网络应用程序模板（Web Forms 和 Web Services）；

● 程序设计语言及公共语言规范（CLS）。

.NET 框架的体系结构如图 1-1 所示。

公共语言运行时：是.NET 框架应用的执行引擎，为应用程序提供大量的自动化服务，包括装

图 1-1　.NET 框架的体系结构

载和执行代码、内存分配管理、异常处理、安全检查、应用程序优化、获取元数据以及将 MSIL 编译为本地代码。公共语言运行时是整个.NET 框架的核心和基础，无论使用什么语言，编写什么样的.NET 程序，都需要这个核心引擎提供核心服务。

● .NET 框架类库：提供可扩展的类库，包含大量内置的功能函数，它们按照逻辑组织在与操作系统功能有关的名字空间中，为应用程序提供各种有用的功能。这组基础类库提供了一个统一的、面向对象的、层次化的、可扩展的编程接口，使得开发者能够高效、快速地构建基于下一代互联网的网络应用。

● ADO.NET 与 XML：是全新的数据库访问技术，针对 Web 离散的特性做了重大的改进。ADO.NET 提供了一组用来连接数据库、运行命令、返回记录集的类库，还提供了对 XML 的强大支持。ADO.NET 通过一系列新的对象和编程模型，与 XML 紧密结合，数据操作十分方便和高效。

● ASP.NET：是针对 Web 窗体和 Web 服务的网络应用开发技术。

● Windows Forms：为开发传统的基于 Windows 的应用程序提供开发架构。

● 公共语言规范（CLS）：是一套.NET 平台语言支持规范，它本身不是一项技术，也没有源代码，主要是为语言编译器和类库之间的协作提供一系列的规则。

● .NET 语言：包括 VB、C++、C#、JScript.NET 和 J#。

1.3.3 ASP.NET 的发展历史

ASP.NET 是 Microsoft .NET 框架的一部分。作为战略产品，它提供了一个统一的 Web 开发模型，包括开发人员创建企业级 Web 应用程序所需要的各种服务。微软对于 ASP.NET 的设计策略是易于写出结构清晰的代码、代码易于重用和共享、可用编译类语言编写等，目的是让程序员更容易开发出 Web 应用，满足计算向 Web 转移的战略需要。

ASP.NET 的前身是 ASP（Active Server Page）技术，在 1994 ~ 2000 年之间，ASP 技术是微软推广 Windows NT 4.0 平台的关键技术之一，数以万计的 ASP 网站出现在网络上，因其简单以及可定制化而被迅速广泛使用。但是，ASP 的缺点也逐渐显现，解释型的语言和面向过程型的程序开发方法，让系统性能、扩展性具有很大的局限性，系统维护的难度大，尤其是大型的 ASP 应用程序尤为突出。1997 年，微软团队针对 ASP 的缺点开发出了下一代 ASP 技术的原型 ASP+。

2000 年，微软开始正式推动.NET 策略，ASP+改名为 ASP.NET，第一个版本的 ASP.NET 在 2002 年 1 月 5 日随.NET Framework 1.0 一起发布，ASP.NET 1.0 应运而生。ASP.NET 不仅仅是下一版本的 ASP，它还提供了一种新的编程模型和结构，支持面向对象的 Web 应用程序开发，可用于生成更安全、可伸缩和稳定的应用程序。

此后，每次.NET 框架新版本的发布都会给 ASP.NET 带来新的特性。2005 年 11 月，ASP.NET 2.0 与 Visual Studio 2005 一起发布，ASP.NET 2.0 改进并简化了数据访问控件，推出了母版、主题以及 Web 部件、导航控件、安全控件、角色、个性化和国际化服务以及对 XML 标准的完整支持，并且改进了编译、部署和站点管理功能，使 Web 开发更容易，更快捷。

2007 年 11 月，Visual Studio 2008 问世，ASP.NET 相应升级为 ASP.NET 3.5，增加了 ListView 和 DataPager 两种新的数据访问控件以及 ASP.NET AJAX 技术，提供了支持 LINQ

的数据库查询技术。

2010 年 4 月，微软公司发布 Visual Studio 2010，ASP.NET 4.0 随之推出。大量的改进使得 Web 开发更加现代和方便，包括提高了并行计算的线程性能，SEO 优化支持，缓存功能扩展，完全集成 jQuery，更好的 JavaScript 及 HTML 代码智能感知，对服务器控件的 ID 的增强控制等。

2012 年 2 月，Visual Studio 2012 和 ASP.NET 4.5 问世，它针对 HTML5 做了更新，此外增加了强类型数据控件、Bundling 资源、隐式的验证方式以及新的模型绑定方式。可以看到，ASP.NET 4.5 进一步简化了程序员的相关工作，大大提高了编程效率。

2015 年 7 月，Visual Studio 2015 与 ASP.NET 5 发布。作为 ASP.NET 平台上最重要的更新之一，基于.NET 核心公共语言运行时（CoreCLR）的 ASP.NET 5 可以部署在任意的平台上，无论是 Linux、Mac 还是 Windows，ASP.NET 5 从本质上提升了快速开发、云配置、依赖管理和组合率。

1.3.4　ASP.NET 的特点

ASP.NET 是建立在公共语言运行时上的编程框架，主要用于在 Web 服务器上建立功能强大的应用程序。与以前的 Web 开发模型相比，ASP.NET 具有许多重要的优点：

（1）强大和灵活

ASP.NET 基于公共语言运行时，任何 ASP.NET 应用程序都可以使用整个.NET 框架。开发人员可以方便地获得这些技术的优点，包括托管的公共语言运行库环境、类型安全、继承等。ASP.NET 是独立于语言之外的，开发人员可以根据需要使用任何与.NET 框架兼容的语言来编写应用程序代码。

（2）开发高效

ASP.NET 提供了大量服务器端控件，将类似 VB 的快速开发应用到了 Web 开发中来，强大的控件支持大大提高了开发效率。

（3）性能增强

ASP.NET 是在服务器上运行的经编译的公共语言运行时代码，可利用早期绑定、实时编译、本机优化和全新的缓存服务来提高性能。

（4）易于管理

ASP.NET 使用基于文本的、分级的配置系统，简化了服务器环境和 Web 应用程序的配置工作。配置信息存储为纯文本的，配置文件的任何变化都可以自动检测到并应用于应用程序。将必要的文件复制到服务器上，ASP.NET 应用程序即可以完成部署，不需要重新启动服务器。

（5）稳定

ASP.NET 设计了专门的功能用于在集群的多处理器环境下提高程序性能。此外，ASP.NET 运行时会密切监视和管理进程，以便在一个进程出现异常时，可在该位置创建新的进程，使应用程序继续处理请求。

（6）安全

ASP.NET 提供了安全验证体系，提高了项目权限的管理能力；此外，在数据库 SQL 语句的执行方面，通过逻辑的统一封闭和验证，解决了对类似 SQL 注入等带来的安全问题。

1.4 ASP.NET 的开发环境

使用 ASP.NET 技术开发的 Web 应用程序文件后缀名为 ".aspx"，其格式是文本文件，使用诸如 EditPlus、Notepad++等这些文本编辑工具就可以编写。但是，使用开发工具将会有助于提高开发效率，尤其对于复杂的 Web 开发。

ASP.NET Web 应用开发，通常使用微软的集成开发环境 Visual Studio。Visual Studio 全面支持.NET 框架，其中的工具箱、设计器、调试器等可以让开发人员进行"所见即为所得"的编辑，实现了服务器控件拖放、完全集成的调试和项目自动部署的功能支持，是创建 ASP.NET Web 应用并提高开发效率的得力工具。

自 1997 年微软发布最早的 Visual Studio 97 以来，Visual Studio 经过不断地改进和发展，多次版本升级，当前的最新版本为 Visual Studio 2015。Visual Studio 2015 包括社区版（Visual Studio Community）、专业版（Visual Studio Professional）和企业版（Visual Studio Enterprise）三个版本。其中，社区版是免费的、功能完备并且可扩展的版本，它包含创建强大的应用所需的一切内容；专业版面向单个开发人员或小团队的专业开发人员；企业版针对企业级应用程序开发进行了优化，适用于设计、生成和管理复杂的企业应用程序，可以面向各种规模团队。本书采用 Visual Studio 2015 社区版作为开发工具，书中的所有示例都是在 Visual Studio 2015 社区版平台上构建的。

1.4.1 安装 Visual Studio Community 2015 集成开发环境

用户可以直接在微软的官方网站下载 Visual Studio Community 2015 安装文件，免费安装使用。其安装方式有两种，在网址 https://www.visualstudio.com/vs-2015-product-editions 下载安装文件后在线安装，或者在 https://www.visualstudio.com/downloads/download-visual-studio-vs 下载 ISO 镜像安装文件后进行本地离线安装。

Visual Studio Community 2015 软件的安装环境要求为如下。

● 操作系统：Windows 7 或者 Windows 更高版本、Windows Server 2008 R2 SP1 及以上；

● 硬件要求：1.6GHz 或更快的处理器、1GB 的 RAM（如果在虚拟机上运行，则为 1.5GB）、4GB 可用硬盘空间、5400RPM 硬盘驱动器、支持 DirectX 9 的视频卡；

● 其他要求：建议与 Internet Explorer 10 或更高版本浏览器搭配使用。

Visual Studio Community 2015 软件的安装操作步骤如下。

1. 启动安装程序

运行.exe 可执行安装程序文件，出现图 1-2 所示的安装启动界面，几秒钟后自动进入安装程序初始化界面，如图 1-3 所示。如果计算机上没有安装 Internet Explorer 10，将会弹出如图 1-4 所示的警告界面，此时可以单击"继续"按钮继续进行安装。

图 1-2　安装启动界面

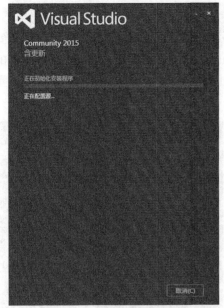

图 1-3　安装程序初始化界面

图 1-4　安装警告界面

2. 选择软件安装的位置及需要安装的功能

继续安装后，将出现如图 1-5 所示的界面，让用户选择程序的安装位置和安装类型，建议将程序安装在有较大剩余空间的磁盘，同时安装类型选择"自定义"。单击"下一步"按钮，进入如图 1-6 所示的界面，选择需要安装的功能。由于本书针对的是动态网页应用程序开发，所以勾选"Microsoft SQL Server Data Tools"和"Microsoft Web 开发人员工具"复选框，仅选择安装 Web 开发所需要的工具平台和数据库工具。

图 1-5　安装位置和安装类型选择界面

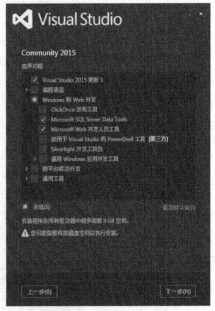

图 1-6　安装功能选择界面

3. 安装

单击"下一步"按钮，进入图 1-7 所示的界面，界面上列出了用户刚刚选择的需要安装的功能，以便用户确认。单击"安装"按钮，正式开始安装程序，显示图 1-8 所示的界面，安装过程需要较长的时间。安装成功后，将出现图 1-9 所示的界面，单击"立即重新启动"按钮，重新启动计算机。

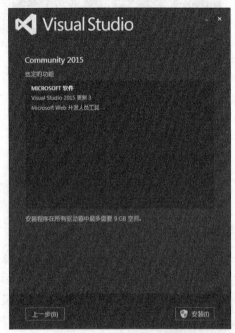

图 1-7　选定功能确认界面

图 1-8　安装界面

图 1-9　安装成功界面

4. 激活

启动 Visual Studio Community 2015 软件，第一次启动时需要进行激活操作。Community 版本虽然是免费的，但必须先使用一个微软账号登录激活，获取开发许可证后才可以正常使用。软件启动后首先出现图 1-10 所示的启动界面，几秒钟后自动进入图 1-11 所示的激活界面。如果已经注册过微软账号，则可以单击界面上的"登录"按钮，直接进入图 1-12 所示的登录页面输入账号完成登录。如果未注册过微软账号，则需要单击界面上的"注册"链接，先注册一个微软账号，再完成登录流程。

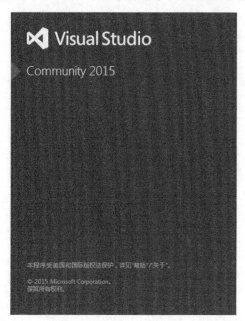

图 1-10 Visual Studio Community 2015 启动界面

图 1-11 激活界面

图 1-12 微软账户登录界面

5. 配置运行环境

第一次运行时 Visual Studio Community 2015 程序会自动配置运行环境，弹出如图 1-13 所示的默认环境设置界面，用户可以根据自己的需要设置默认环境。本书主要学习 Web 应用开发技术，所以将"开发设置"选择为"Web 开发"。设置完毕后单击"启动 Visual Studio"按钮启动程序，弹出如图 1-14 所示的提示界面，告诉用户系统正在为第一次使用做准备，配置运行环境。稍等片刻后将进入 Visual Studio 2015 开发环境，主界面如图 1-15 所示，表示软件已经完成安装并正常运行。

图 1-13　设置默认环境界面

图 1-14　配置运行环境提示界面

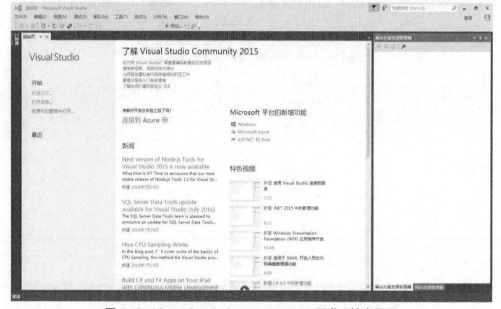

图 1-15　Visual Studio Community 2015 开发环境主界面

1.4.2　Visual Studio Community 2015 视图窗口

在学习创建 ASP.NET Web 应用程序之前，先来熟悉一下 Visual Studio Community 2015 集成开发环境的几个主要视图窗口，Visual Studio 集成开发环境由工具栏、可停靠或自动隐藏的工具窗口以及编辑器窗口等元素组成。开发 Web 应用程序时，将使用特定于 Web 项目的窗口、菜单和工具栏，图 1-16 显示了集成开发环境的默认窗口及其位置，包括文档窗口、解决方案资源管理器、工具箱和属性窗口。开发人员可以根据自己的需要对这些窗口的位置或大小重新排列或调整，如果某个视图隐藏不见了，可以在菜单栏上单击"视图"菜单项，在展开的菜单中单击对应的视图名称，就可以重新显示出该视图。

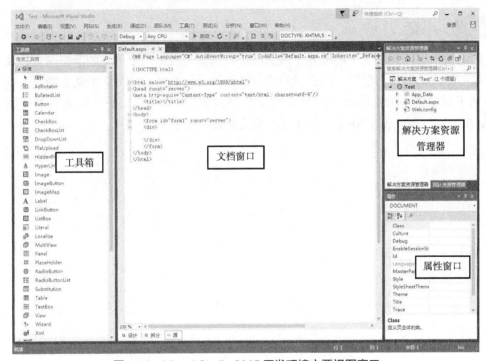

图 1-16　Visual Studio 2015 开发环境主要视图窗口

1. 解决方案资源管理器

解决方案资源管理器结构化地分层显示项目及其文件。在此窗口中可以查看和管理项目文件，执行对项目和文件相关命令的便捷访问。例如打开文件、向项目中添加新文件以及设置项目属性等。

2. 文档窗口

文档窗口提供了编辑器和设计器以编辑代码和设计界面，包括"设计""源"和"拆分"三种视图形式。"设计"视图是一个图形用户界面，使用一种类似于"所见即所得"的方式显示和编辑控件和网页；"源"视图显示网页文件的源代码；"拆分"视图将窗口分成两个部分，可以同时查看和编辑"设计"视图和"源"视图中的内容，默认情况下两个窗口是水平排列的。在文档窗口底部的左侧有"设计""拆分"和"源"三个视图选项卡，用户可以单击相应的选项卡来切换显示所需的视图。

3. 工具箱

工具箱用来显示可以被添加到网页中的控件和元素，用户可以将这些控件拖放到"设计"视图的界面上或"源"视图的代码编辑器中，这些拖放操作都会在网页源文件中自动生成相应的基础代码。

4. 属性窗口

属性窗口中可以查看和设置页面使用的对象的属性和事件。在页面上选中某个控件，属性窗口即会显示该控件的各项属性和事件；在窗口中选中某项属性，即可设置它的具体取值；选中某个事件，可以设置该事件的关联代码名称。

1.5 小结

网站技术历经近三十年的发展，网页已从只能单纯展示固定信息的静态网页，发展成为能够与用户进行动态交互、根据用户需求输出网页内容的功能强大的动态网页。本章主要介绍了微软公司推出的动态网页开发技术 ASP.NET 的基本知识，以及它的开发工具 Visual Studio Community 2015 集成开发环境的安装和使用。

第②章 创建 ASP.NET 动态网站

使用 Visual Studio 工具平台开发 ASP.NET 网站可以大大提高开发效率。本章主要介绍使用 Visual Studio 建立网站和制作网页的基本步骤、网站的组成以及 ASP.NET 网页的结构。从本章开始将介绍如何制作多个网页，作为一个开发人员，为保证开发质量，在开发过程中必须具有良好的开发习惯，遵守编程规范。

学习目标

- 通过创建一个简单的网站，掌握建立 ASP.NET 网站的基本步骤；
- 了解 ASP.NET 网站结构、网站中的专用文件夹和文件；
- 阅读网页源代码，了解网页文件的框架结构；
- 熟悉 ASP.NET 编程规范。

2.1 使用 Visual Studio 创建 ASP.NET 网站

使用 Visual Studio 工具平台可以快速便捷地创建和编辑 ASP.NET 网站，下面将创建一个简单的动态网站。

【例 2-1】创建网站，命名为"FirstWeb"，新建网页"Default.aspx"，网页运行时显示欢迎语句。

本案例主要学习使用 Visual Studio 创建网站、新建网页、编辑网页以及运行网页的操作流程，具体步骤如下。

（1）新建网站。启动 Visual Studio Community 2015 集成开发环境，选择"文件"→"新建"→"网站"命令，如图 2-1 所示。

图 2-1　新建网站

（2）打开"新建网站"窗口，如图 2-2 所示，依次进行以下设置："模板"选择"Visual C#"，表示网站采用的开发语言是 C#；网站类型选择"ASP.NET 空网站"，这样新建的网站将仅生成一个网站框架，其中不包含任何网页；"Web 位置"选择"文件系统"，表示新建的网站将保存为本地的一个文件夹；然后输入网站保存的路径，本例中网站的保存位置为"d：\FirstWeb"，"FirstWeb"也就是网站的命名，单击"确定"按钮，网站创建成功，如图 2-3 所示。在"解决方案资源管理器"中可以看到，网站所包含的文件目前只有一个 Web.config 配置文件。

图 2-2　Visual StudioCommunity 2015 "新建网站"窗口

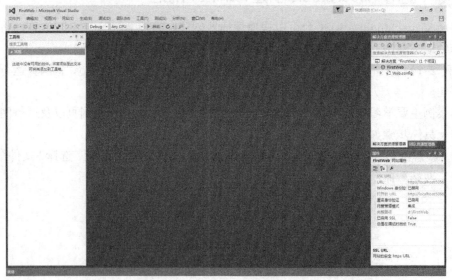

图 2-3　"新建网站"成功后的界面

（3）新建网页。在"解决方案资源管理器"中右击网站名称"FirstWeb"，在弹出的快捷菜单中选择"添加"→"添加新项"命令，如图 2-4 所示。

（4）弹出"添加新项"窗口，如图 2-5 所示。选择"Web 窗体"选项，并设置"名称"为"Default.aspx"，然后单击"添加"按钮，一个新的网页"Default.aspx"就成功地添加到网站中了。此时，Visual Studio 的文档窗口默认显示新建网页文件的源代码，如图 2-6 所示。

图 2-4　添加新项操作

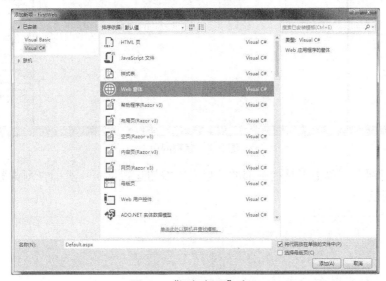

图 2-5　"添加新项"窗口

图 2-6　新建网页成功后的界面

（5）编辑网页。单击文档窗口左下角的"设计"选项卡，切换到页面的"设计"视图，在页面上直接输入文字"你好，欢迎使用 ASP.NET 技术!"，如图 2-7 所示。

图 2-7　编辑网页

（6）运行网页。单击工具栏中部的"启动"按钮运行网页，页面在浏览器中的显示效果如图 2-8 所示。

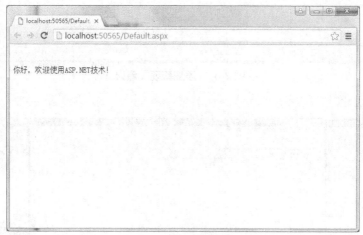

图 2-8　网页运行效果

2.2　ASP.NET 网站结构

从例 2-1 中可以看出，使用 Visual Studio 创建 ASP.NET 网站可以自动生成网站的框架。一个 ASP.NET 网站主要包括 Web 窗体页、代码文件、网站配置文件和图片等资源文件、处理程序等。下面介绍 ASP.NET 的网站结构。

2.2.1　文件夹

在 ASP.NET 网站下，用户可以自行创建任意的文件夹结构，还可以包含一些 ASP.NET 能够识别的特定类型的文件以及用于特殊用途的文件夹。下面列出了一些 ASP.NET 保留的文件夹名称以及文件夹中通常包含的文件类型。

● App_Code：包含开发人员编写的实用工具类和业务对象的源代码，例如.cs、.vb 和.jsl 文件。当对应用程序发出首次请求时，ASP.NET 将编译 App_Code 文件夹中的代码，作为应用程序的一部分进行编译。

● App_Data：包含应用程序的数据文件，包括.mdf 文件、.xml 文件和其他数据存储文件。ASP.NET 使用 App_Data 文件夹存储应用程序的本地数据库。

● App_Themes：包含用于定义 ASP.NET 网页和控件外观的主题文件集合，包括.skin、.css 文件以及图像文件和一般资源。

● Bin：包含要在应用程序中引用的控件、组件或其他代码的已编译程序集（.dll 文件），应用程序将自动引用 Bin 文件夹中的代码所表示的类。

2.2.2　ASP.NET 网站的文件

ASP.NET 网站可以包含很多文件类型，分别具有不同的功能用途。大多数类型的 ASP.NET 文件都可以使用 Visual Studio 中的"添加新项"菜单命令来创建生成。

● .aspx：ASP.NET Web 窗体文件，也就是 ASP.NET 页，文件中可以包含普通的 HTML 代码、各种 Web 控件以及业务逻辑代码。

● .cs、.jsl、.vb：运行时要编译的类源代码文件，可以是 ASP.NET 页的代码隐藏文件，或者包含应用程序逻辑的独立类文件。

● Web.config：配置文件，包含表示 ASP.NET 网站功能设置的 XML 元素，是一个 XML 文本文件。位于站点根文件夹中的 Web.config 文件，用于设置站点整体的配置信息。子文件夹中包含的 Web.config 文件，则为该文件夹下的文件设置单独的配置信息。

● Global.asax：全局应用程序文件，位于网站的根目录中，包含应用程序生存期开始或结束时运行的一些方法。

● .ascx：自定义的 Web 用户控件文件。

● .dll：已编译的类库文件（程序集）。

● .sitemap：站点地图文件，位于网站的根目录中，包含网站的结构信息。

● .master：母版页，定义网页的通用布局。

● .skin：外观文件，包含应用于 Web 控件的属性设置，使控件的样式设置一致。

2.3　ASP.NET Web 窗体文件的结构

【例 2-2】中创建了网页"Default.aspx"，页面的源代码如下。

```
<%@ Page Language="C#" AutoEventWireup="true" CodeFile="Default.aspx.cs"
Inherits="_Default" %>
    <!DOCTYPE html>
```

```
<html xmlns="http://www.w3.org/1999/xhtml">
<head runat="server">
<meta http-equiv="Content-Type" content="text/html; charset=utf-8"/>
<title></title>
</head>
<body>
<form id="form1" runat="server">
<div><br /><br />你好，欢迎使用 ASP.NET 技术！</div>
</form>
</body>
</html>
```

从上面的代码可以看到，一个 ASP.NET Web 窗体文件包含页面指令、服务器代码和普通的 HTML 代码这几个部分。

文件中的第一行代码<%@ Page Language="C#" AutoEventWireup="true" CodeFile="Default.aspx.cs" Inherits="_Default" %>是页面指令。其中，Language="C#"表示文件采用 C#语言作为编程语言，CodeFile="Default.aspx.cs"说明网页关联的隐藏代码文件是 Default.aspx.cs。使用 Visual Studio 开发的 ASP.NET 程序默认采用了代码隐藏（Code Behind）技术，将程序代码单独写到一个文件中，实现了程序代码和界面 HTML 代码的分离，可以提供更好的程序可读性和可维护性。如果程序代码采用 C#语言编写，隐藏代码文件的文件名则是在窗体文件.aspx 文件名的后面再加上后缀.cs。

服务器代码是必须在服务器上处理运行的代码，如本例中的<form id="form1" runat="server">，表示该 form 标记是一个服务器控件，页面运行时，该标记必须经过服务器的编译处理。除了服务器控件标记外，服务器代码还可以包含由<script Language="C#" runat="server">…</script>标记声明的程序代码。

本例代码中的<body>、<div>、
等属于普通的 HTML 代码，用于声明最基本的网页元素。

2.4　ASP.NET 程序开发规范

程序开发规范不属于程序语法的范畴，是为了程序维护和阅读的方便制定的一些程序书写的规定。在企业项目开发中，开发规范是非常重要的一个环节。

2.4.1　规范制定原则

- 方便代码的交流和维护。
- 不影响编码的效率，不与大众习惯冲突。
- 使代码更美观，阅读更方便。
- 使代码的逻辑更清晰，更易于理解。

2.4.2　命名规范

- Pascal 大小写。将标识符的首字母和后面连接的每个单词的首字母都大写，例如：

BackColor。可以对三字符或更多字符的标识符使用 Pascal 大小写。一般来说，全局变量、类的字段成员、类的成员方法等都采用 Pascal 大小写方式。

● Camel 大小写。标识符的首字母小写，而后面连接的每个单词的首字母都大写，例如 backColor。一般局部变量采用 Camel 大小写方式。

2.4.3 控件命名规则

控件命名的规则是：控件名前缀+英文描述，英文描述首字母大写。表 2-1 列出了常用控件的前缀以及命名举例。

表 2-1　常用控件的命名

控 件 名	控件名简写	标准命名举例
Button	btn	btnSubmit
Calendar	cal	calMettingDates
CheckBox	chb	chbBlue
CheckBoxList	chbl	chblFavColors
CompareValidator	valc	valcValidAge
CustomValidato	valx	valxDBCheck
DataGrid	dgrd	dgrdTitles
DataList	dlst	dlstTitles
DetailsView	dtvw	dtvwGoods
DropDownList	ddl	ddlCountries
FormView	fmvw	fmvwGoods
GridView	gdvw	gdvwEmployees
HyperLink	hlnk	hlnkDetails
Image	img	imgAuntBetty
ImageButton	ibtn	ibtnSubmit
Label	lbl	lblResults
LinkButton	lbtn	lbtnSubmit
ListBox	lst	lstCountries
Panel	pnl	pnlForm2
RadioButton	rad	radFemale
RadioButtonList	radl	radlGender
RangeValidator	valg	valgAge

续表

控 件 名	控件名简写	标准命名举例
RegularExpression	vale	valeEmail_Validator
Repeater	rpt	rptQueryResults
RequiredFieldValidator	valr	valrFirstName
Table	tbl	tblCountryCodes
TableCell	tblc	tblcGermany
TableRow	tblr	tblrCountry
TextBox	txt	txtFirstName
ValidationSummary	vals	valsFormErrors
XML	xmlc	xmlcTransformResults
Connection	con	conNorthwind
Command	cmd	cmdReturnProducts
Parameter	parm	parmProductID
DataAdapter	dad	dadProducts
DataReader	dtr	dtrProducts
DataSet	dst	dstNorthWind
DataTable	dtbl	dtblProduct
DataRow	drow	drowRow8
DataColumn	dcol	dcolProductID
DataRelation	drel	drelMasterDetail
DataView	dvw	dvwFilteredProducts

当然，在编程实践中，每个软件公司甚至每个项目都会按照自己的需要，制定自己特有的程序设计规范，它有利于团队开发中代码的交流、维护和集成。规范不是硬性规定的，它相当于程序设计领域的约定俗成。养成遵照一定的规范编程的习惯，是一个程序员的基本素质。

2.5 小结

使用 Visual Studio 开发工具平台，可以快速地创建和编辑 ASP.NET 网站，搭建起网站框架，开发人员可以根据需要任意地在网站中创建文件结构。ASP.NET 网站包含一些特殊的文件和专用文件夹，它们具有特定的功能用途，例如网站配置文件 Web.config、存放数据文件的 App_Data 文件夹等。Visual Studio 工具会为每一个 ASP.NET 页面生成一个对应的 Code Behind 代码文件，实现代码分离。

第 ③ 章 C#编程基础

开发 ASP.NET 网站首选 C#作为编程语言。本章主要介绍 C#语言的特点、基础知识和面向对象编程，然后通过一个综合的实践演练来巩固和提高 C#编程能力。

学习目标

- 掌握 C#程序的基本结构。
- 掌握 C#语言的基础知识，包括变量和常量、常用数据类型、运算符和表达式、C#语句以及流程控制。
- 运用 C#面向对象的特点编程。
- 通过实践演练，综合运用 C#编程知识解决实际问题。

3.1 C#语言概述

ASP.NET Web 开发支持多种编程语言，如 Visual Basic、C#、J#等，而首选语言则是 C#。C#是微软公司专门为.NET 量身定做的编程语言，与.NET 有着密不可分的关系，C#的类型就是.NET 框架所提供的类型，C#本身并无类库，而是直接使用.NET 框架所提供的类库。另外，它的类型安全检查、结构化异常处理也都是交给 CLR 处理的。因此，C#是最适合开发.NET 应用的编程语言。

3.1.1 C#的特点

C#不仅具有 C++的强大功能，而且具有 Visual Basic 简单易用的特性。C#的语法与 C++和 Java 基本相似，如果对 C++或 Java 比较熟悉，学习 C#是一件非常容易的事情。默认情况下，C#代码在.NET 框架提供的受控环境下运行，不允许直接操作内存。它最大的变化是没有像 C 和 C++中那样的指针。

C#具有面向对象编程语言所应有的一切特性，如封装、继承和多态。在 C#的类型系统中，每种类型都可以看作一个对象。和 Java 一样，C#只允许单继承，即一个类不会有多个基类，从而避免了类型定义的混乱。

C#没有了全局函数，没有了全局变量，也没有了全局常量。所有都必须封装在一个类中，体现了"一切都是对象"的完全面向对象的特色。因此，用 C#编写的代码具有更好的可读性，而且减少了发生命名冲突的可能。

3.1.2 命名空间

以【例 2-1】中的代码文件 "Default.aspx.cs" 为例，它的代码如下。

```
using System;
using System.Collections.Generic;
using System.Linq;
using System.Web;
using System.Web.UI;
using System.Web.UI.WebControls;
public partial class _Default : System.Web.UI.Page
{
    protected void Page_Load(object sender, EventArgs e)
    {
    }
}
```

上述代码中，前面的 using 指令表示引用命名空间，其中的 System、System.Collections. Generic、System.Linq 等都是命名空间。命名空间（namespace）提供了一种组织类代码的形式，是一种逻辑组合，它用一种分层的方式来组织众多的 C#程序和类库。Microsoft 提供的许多有用的类都包含在 System 命名空间中，因此所有的 C#源代码都以 using System;语句开头。

3.1.3　注释

应用程序并不只是写给自己看的，在程序维护过程中，源代码需要广泛的交流。养成良好的代码注释习惯是一名优秀的程序员必备的条件之一。代码注释不会浪费编程时间，相反它会提高编程效率，使程序更加清晰完整友好。

C#注释的方式有两种，采用"//"进行单行注释，或者采用"/*"分隔符和"*/"分隔符进行多行注释。每一行代码中 "//"后面的内容以及在"/*"和"*/"分隔符之间的内容都将被编译器忽略。

3.2　变量和常量

C#是对大小写敏感的，即大写和小写字母被认为是不同的字母。例如变量名 something、Something、SOMETHING 指代不同的变量。命名变量名要遵守如下规则。

● 不能是 C#关键字。

● 第一个字符必须是字母或下划线。不要太长，一般不超过 31 个字符为宜。不能以数字开头。

● 中间不能有空格。

● 变量名中不能包含特殊符号。实际上，变量名中除了能使用 26 个英文大小写字母和数字外，只能使用下划线"_"。

● 变量名不要与 C#中的系统函数名、类名和对象名相同。

变量通常应具有描述性的名称。例如，看到 numberOfStudents 这个变量名，就知道它表示学生人数，这样的命名方式使程序可读性和维护性大大提高。除了循环变量或临时变量之外，尽量不要使用单字母的变量名（如 x、y、z、i、j、k 等）。变量命名的方式决定了程序书写的风格，在整个程序中保持一致的、良好的风格很重要。

变量有两种典型的命名方法，即 Camel 表示法和 Pascal 表示法。Camel 表示法以小写字母开头，以后的单词都以大写字母开头。如 myBook、theBoy、numOfStudent 等。Pascal 表示法则是每个单词都以大写字母开头，例如 MyBook、NumOfStu 等。一般来说，局部变量、函数参数采用 Camel 表示法，全局变量、类型名、函数名采用 Pascal 表示法。

如果想让变量的内容初始化后一直保持不变，程序中可以定义一个常量。例如，在圆面积计算中经常要用常数 π，可以通过命名一个容易理解和记忆的名字来改进程序的可读性，同时在定义中加关键字 const，规定为常量性质，可以预防程序出错。常量的命名方式一般是单词的每个字母都大写。

【例 3-1】根据圆半径，计算圆面积。

本案例主要说明变量和常量的使用。

具体步骤如下：

（1）新建网站"CSProgramming"，新建网页"CircularArea.aspx"。

（2）制作网页界面。从工具箱拖曳一个 Label 控件到页面上，在属性面板中输入 ID 属性值为"lblOutput"。网页代码及设计界面如图 3-1 所示。

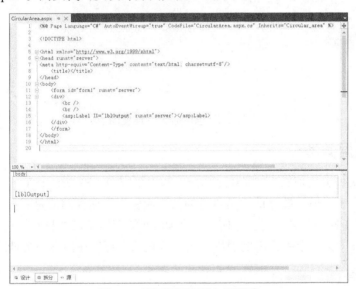

图 3-1　网页界面设计与源代码

（3）编辑程序代码。在"解决方案资源管理器"中双击代码文件名称"CircularArea.aspx.cs"打开文件，输入代码，完整的代码清单如下。

```
using System;
using System.Collections.Generic;
using System.Linq;
using System.Web;
using System.Web.UI;
using System.Web.UI.WebControls;
```

```
public partial class CircularArea : System.Web.UI.Page
{
    const double PI = 3.14159;                //定义常量
    double radiusOfRound = 8.5;               //定义变量圆半径并赋值，Camel 大写
    double areaOfRound;                       //定义变量圆面积，Camel 大写
    protected void Page_Load(object sender, EventArgs e)
    {
        areaOfRound = radiusOfRound * PI;   //计算圆面积
        lblOutput.Text="圆的面积为："+areaOfRound;  //显示圆面积数据
    }
}
```

（4）运行网页，效果如图 3-2 所示。

图 3-2　变量和常量的使用

3.3　数据类型

C#的数据类型分为值类型（Value Type）和引用类型（Reference Type）两大类。这两种类型的区别在于：值类型存储的是自身的值，而引用类型存储的是对值的引用。例如：一个 int 类型的变量保存对应的实际值；一个 string 类型的变量本身并不包含一个字符串，而表示对存储器中某一个字符串的引用，可以说是该字符串在内存中的地址。

3.3.1　值类型

值类型包括简单类型（Simple Type）、结构类型（Struct Type）和枚举类型（Enum Type）3 种。其中，简单类型是直接由一系列元素构成的数据类型，主要包括整数类型、布尔类型、字符类型和实数类型。

1. 整数类型

整数类型变量的值为整数。C#中有 9 种整数类型，这些整数类型在数学上的表示以及在计算机中的取值范围如表 3-1 所示。

表 3-1 整数类型

整数类型	特 征	取值范围
sbyte	有符号 8 位整数	-128 ~ 127
byte	无符号 8 位整数	0 ~ 255
short	有符号 16 位整数	-32768 ~ 32767
ushort	无符号 16 位整数	0 ~ 65535
int	有符号 32 位整数	-2147483648 ~ 2147483647
uint	无符号 32 位整数	0 ~ 4294967295
long	有符号 64 位整数	-9223372036854775808 ~ 9223372036854775807
ulong	无符号 64 位整数	0 ~ 18446744073709551615

当存储的值超出了类型所能表示的范围时，就会出现溢出情况。但是程序并不会报错，只是结果会呈现不正确的值。

2．实数类型

实数在 C#中采用单精度（float）和双精度（double）两种数据类型来表示。它们的区别在于取值范围和精度不同，单精度取值范围在 $\pm 1.5*10^{-45} \sim 3.4*10^{38}$ 之间，精度为七位。双精度取值范围在 $\pm 5.0*10^{-324} \sim 1.7*10^{308}$ 之间，精度为 15 ~ 16 位。C#还专门定义了一种十进制类型（decimal），主要用于做金融和货币方面的计算。在现代的企业应用程序中，不可避免要进行大量的计算和处理。十进制类型是一种高精度、128 位数据类型，它所表示的范围为 $1.0*10^{-28} \sim 7.9*10^{28}$ 之间的 28 ~ 29 位的有效数字。当定义一个变量并赋值给它的时候，可使用 m 后缀来表明它是一个十进制类型。例如：

```
decimal cur=100.0m
```

如果省略了 m，则变量被赋值之前将被编译器认作 double 型。

3．布尔类型

布尔类型数据是用来表示"真"和"假"的。布尔类型表示的逻辑变量只有两种取值，在 C#中，分别采用 true 和 false 两个值来表示。

在 C 语言中，用 0 来表示"假"，其他任何非零的值表示真。而在 C#中，布尔类型变量只能是 true 或者 false，这也使得 C#语言的类型系统更加健壮，可以避免很多不必要的歧义。

4．字符类型

字符包括数字字符、英文字母和表达符号等，C#提供的字符类型按照国际标准采用 Unicode 字符集。一个 Unicode 标准字符长度为 16 位，用它可以表示世界上大多数语言。给一个变量赋字符类型值的语法为：

```
char mychar='M';
```

也可以直接通过十六进制或者 Unicode 赋值，如下：

```
char mychar='\x0034';//mychar='4'
```

25

```
char mychar='\u0039';//mychar='9'
```

5．结构类型

在程序设计中，经常把一组相关的信息放在一起。把一系列相关的变量组成一个单一的实体，这个单一的实体类型叫做结构。结构类型数据采用关键字 struct 来进行声明。C# 的结构类型和 C++不同，C++的结构其实和类的实质是一样的，是引用类型；而 C#的结构类型是值类型，但它和 C 语言的结构类型又不一样。C#的结构类型可以包含常量、变量、方法、构造函数、属性及索引器等。

【例 3-2】使用结构类型。

本案例主要演示结构类型的用法。首先定义一个结构类型 Student，接下来声明一个结构 Student 类型的变量 st，并为各个结构变量成员赋值，最后输出各成员的值，具体步骤如下。

在【例 3-1】已经创建的网站"CSProgramming"中新建网页"StructExample.aspx"，其他操作步骤与【例 3-1】相同，代码清单如下。

```
using System;
using System.Collections.Generic;
using System.Linq;
using System.Web;
using System.Web.UI;
using System.Web.UI.WebControls;

struct Student                    //定义结构类型 Student
{
    public string name;           //结构成员
    public int age;
    public string sex;
}
public partial class StructExample : System.Web.UI.Page
{
    protected void Page_Load(object sender, EventArgs e)
    {
        Student st;               //声明结构变量
        st.name = "张三";          //为结构变量各成员赋值
        st.age = 20;
        st.sex = "男";
        lblOutput.Text="姓名："+st.name+"，年龄："+ st.age +"，性别："+ st.sex;
                                  //输出学生姓名、年龄、性别
    }
}
```

网页运行结果如图 3-3 所示。

图 3-3 使用结构类型

6. 枚举类型

枚举（enum）为一组在逻辑上密不可分的整数值提供便于记忆的符号。枚举类型可以使程序的可读性增强，便于维护。

【例 3-3】使用枚举类型。

本案例主要说明枚举类型的用法。定义一个枚举类型 WeekDay，声明一个 WeekDay 类型的变量 day 并赋值，然后输出 day 的值，具体步骤如下。

在网站 "CSProgramming" 中新建网页 "EnumExample.aspx"，其他操作步骤与【例 3-1】相同，代码清单如下。

```
using System;
using System.Collections.Generic;
using System.Linq;
using System.Web;
using System.Web.UI;
using System.Web.UI.WebControls;


enum WeekDay
{                                    //定义枚举类型 WeekDay
    Sunday, Monday, Tuesday, Wednesday, Thursday, Friday, Saturday
};
public partial class EnumExample : System.Web.UI.Page
{

    protected void Page_Load(object sender, EventArgs e)
    {

        WeekDay day;                //声明 WeekDay 的实例 day
        day = WeekDay.Sunday;       //为枚举变量 day 赋值
        lblOutput.Text="day 的值是: "+day;//输出 day 的数值

    }

}
```

运行结果如图 3-4 所示。

程序中枚举列举了可能出现的星期，从星期日到星期六。系统默认枚举中的每个元素都是 int 型的，而且第一个元素的值为 0，后续每一个连续元素的值加 1 递增。在枚举中，也可以给元素直接赋值，如果把 Sunday 的值设为 2，那么后面的元素依次为 3、4……。

图 3-4 使用枚举类型

3.3.2 引用类型

C#中的另一大数据类型是引用类型。该类型的变量不直接存储所包含的值，而是存储所要存储的值的地址。C#中的引用类型有类（Class）、数组（Array）、接口（Interface）和代表（Delegate）4 种。

1. 类

类是面向对象编程的基本单位，是一种包含数据成员、函数成员的数据结构。类的数据成员有变量、常量和事件；函数成员包括方法、属性、构造函数和析构函数等。类和结构同样都包含了自己的成员，但它们之间最主要的区别在于，类是引用类型，而结构是值类型。类支持继承机制，通过继承、派生可以扩展类的数据成员和函数方法，进而达到代码重用和设计重用的目的。

C#使用关键字 class 声明类。类声明以一个声明头开始，由类的特性和修饰符、类的名称、基类（如果有）的名称以及被该类实现的接口名（如果有）几部分组成。声明头后面就是类体，它由一组包含在大括号 "{}"中的成员声明组成。下面的代码声明了一个名为 MyClass 的类。

```
public class MyClass
{
    类体
}
```

此外，C#中两个经常用到的类是 object 类和 string 类，也是简单类型中仅有的两种引用类型。object 类是所有其他类型的基类，C#中的所有类型都直接或间接从 object 类中继承。因此，对一个 object 类的变量可以赋予任何类型的值。例如：

```
int i=100;
object o=i;
object ob="hello";
```

string 类是 C#定义的一个基本类，专门用于处理字符串。字符串在实际编程中应用非常广泛，string 类的定义中封装了许多内部的操作，也就是包含许多字符串的处理函数。用加号 "＋"可以合并两个字符串，采用下标可以从字符串中获取字符，示例如下。

```
string String1="Welcome";
string String2="Welcome "+" everyone";
char c=String1[0];
bool b=(String1==String2);
```

2. 数组

在进行批量处理数据的时候要用到数组，数组是一组类型相同的有序数据。数组按照数组名、数据元素的类型和维数来进行描述。C#中提供的 System.Array 类是所有数组类型的基类。

数组的声明格式：

```
类型[数组维数] 数组名称;
```

比如声明一个整数数组，语法为：

```
int[] arr;
```

在定义数组的时候，可以预先指定数组元素的个数，这时在"[]"中定义数组的元素个数。元素个数可以通过数组名加圆点加"Length"的语法命令获得。而在使用数组的时候可以在"[]"中加入下标来取得对应的数组元素。C#中数组元素的下标是从 0 开始，也就是说，第一个元素对应的下标为 0，以后逐个增加。

在 C#中，数组可以是一维的，也可以是多维的，同样也支持矩阵和参差不齐的数组。一维数组最为普遍，用得也最多。

【例 3-4】使用数组。

本案例主要说明了一维数组的用法。声明并实例化一个一维数组 arr，它含有 5 个元素，通过循环给数组元素赋值并输出在网页上，具体步骤如下。

在网站"CSProgramming"中新建网页"ArrayExample.aspx"，其他操作步骤与【例 3-1】相同，代码清单如下。

```
protected void Page_Load(object sender, EventArgs e)
{
    int[] arr = new int[5];        //声明一维数组并实例化，5 个元素
    for (int i = 0; i < arr.Length; i++)
    arr[i] = i * i;                //通过循环给数组元素赋值
    for (int i = 0; i < arr.Length; i++)
    lblOutput.Text+="arr["+i+"] = "+arr[i]+"<br/>";
}
```

运行结果如图 3-5 所示。

图 3-5　使用数组

注意　C#中多维数组的定义方式与 C 语言不同。在 C 语言中定义一个 3×2 的数组的语法是 int aa[2][1]，而在 C#中则是 int aa[2,1]

3．接口

接口是声明一个只有抽象成员的引用类型。接口中的成员只有签名，没有实现代码，这意味着除了从这个接口衍生对象之外，不能对接口实例化。

在接口中可以定义方法、属性和索引器。接口类似于抽象类，与类相比较，接口有什么特殊的呢？那就是一个类可以实现多个接口，但只能从一个类继承。也就是说，接口赋

ASP.NET 动态 Web 开发技术

予了 C#只允许单继承的语言近似实现多继承方式的能力。

接口定义的关键字是 interface，例如：

```
interface IMyInterface
{
    void showMyFace();
    ...
}
```

4. 代表

代表可以理解为指代，就是定义一种变量来指代一个函数或者一个方法。代表可以被认为是类型安全的、面向对象的函数指针，它可以拥有多个方法。C#代表处理的问题在 C++中可以用函数指针处理，而在 Java 中则可以用接口处理。代表最重要的用途是事件处理，它通过提供类型安全和支持多方法改进了函数指针方式。定义代表的关键字是 delegate。

【例 3-5】代表类型的使用。

本案例主要演示了代表的用法。声明代表实例 d，来指代 MyClass 类的对象实例 p 的 MyMethod 方法，具体步骤如下。

在网站"CSProgramming"中新建网页"DelegateExample.aspx"，其他操作步骤与【例 3-1】相同，代码清单如下。

```
using System;
using System.Collections.Generic;
using System.Linq;
using System.Web;
using System.Web.UI;
using System.Web.UI.WebControls;

delegate string MyDelegate();              //定义代表类型
class MyClass                              //定义 MyClass 类
{
    public string MyMethod()              //为 MyClass 类定义一个方法
    {
        return "Call MyMethod.";
    }
}
public partial class DelegateExample : System.Web.UI.Page
{
    protected void Page_Load(object sender, EventArgs e)
    {
        MyClass p = new MyClass();              //声明 MyClass 类的对象 p
        MyDelegate d = new MyDelegate(p.MyMethod); //声明代表实例 d
```

```
        lblOutput.Text=d();    //指代 p.MyMethod
    }
}
```

运行结果如图 3-6 所示。

图 3-6　使用代表

3.3.3　类型转换

数据类型可以相互转换，例如 int 型转换为 long 型，数值字符串转换为数值型。C#允许隐式转换和显式转换两种方式。

1．隐式转换

隐式转换主要用于安全的类型转换，也就是说在转换过程中不会造成数据丢失的转换，例如整型转换为长整型，代码如下。

```
int k=100;
long l=k;
```

2．显式转换

显式转换可以使用强制类型转换运算符"（ ）"实现，也可以使用转换函数实现。例如如下代码片段即将 char 类型转换为 int 类型。

```
char c='A';
int i=(int)c;
```

在 System 命名空间下有一个 Convert 类，提供了将一个基础数据类型转换为另一个基础数据类型的方法，如 ToBoolean、ToChar、ToString、ToInt16、ToInt32、ToDouble 及 ToDateTime 等。例如如下代码片段。

```
string myAge="20";
int age=Convert.ToInt16(myAge);
```

3．数值字符串和数值类型的转换

首先，读者应该搞明白什么是数值字符串。在 C#中，字符串是用一对双引号包含的若干字符来表示的，如"123"。而"123"又相对特殊，因为组成该字符串的字符都是数字，这样的字符串，就是数值字符串。这既是一串字符，也是一个数字，但计算机却只认为它是一个字符串，不是数字。因此，在某些时候，比如输入数值的时候，需要把字符串转换成数值；而在另一些时候，需要相反的转换。

将数值转换成字符串非常简单，因为每一个类都有一个 ToString()方法。所有数值类型

的 ToString()方法都能将数据转换为数值字符串。如 123.ToSting()就将得到字符串 "123"。那么反过来，将数值型字符串转换成数值又该怎么办呢？可以使用前面介绍的 Convert 类，也可以使用数值类型都有的 Parse()方法。这个方法就是用来将字符串转换为相应数值的。以一个 float 类型的转换为例，语法如下：

```
float f=float.Parse("543.21");
```

其结果 f 的值为 543.21f。当然，其他数值类型也可以使用同样的方法进行转换。

3.4 C#语句

C#语言的语句和 C/C++、Java 语言类似，都是继承了 C 语言类的语法形式。本小节将简单介绍 C#语言的运算符以及分支结构、循环结构等控制语句。

3.4.1 运算符

操作数和运算符可以构造表达式，表达式的运算符指示出对操作数采取哪种操作。运算符包括+、-、*、/和 new。操作数包括文字、域、局部变量和表达式。

运算符有三种类型，分别是一元、二元和三元运算符。一元运算符有一个操作数，并且或是使用前缀符号（例如--x），或是使用后缀符号（例如 x++）；二元运算符有两个操作数，并且使用中间符号（例如 x+y）；三元运算符有三个操作数，并且使用中间符号，C#只有一个三元运算符 "? ："（例如 c?x:y）。

1. 算术运算符

算术运算符包括加（+）、减（-）、乘（*）、除（/）和求余（%）。加减运算符除了用于整数和实数的加减运算外，还适用于枚举类型、字符串类型数据运算。

【例 3-6】使用算术运算符。

本案例主要演示了算术运算符 "+" 的用法，具体步骤如下。

在网站 "CSProgramming" 中新建网页 "AOperatorsExample.aspx"，其他操作步骤与【例 3-1】相同，代码清单如下。

```
using System;
using System.Collections.Generic;
using System.Linq;
using System.Web;
using System.Web.UI;
using System.Web.UI.WebControls;


enum Weekday                        //定义枚举类型
{
    Sunday, Monday, Tuesday, Wednesday, Thursday, Friday, Saturday
};


public partial class AOperatorsExample : System.Web.UI.Page
```

```
{
    protected void Page_Load(object sender, EventArgs e)
    {
        string myStr1 = "你好！";
        string myStr2 = "ASP.NET 先生";
        string myStr3 = myStr1 + myStr2;      //字符串连接
        Weekday d1 = Weekday.Sunday;
        Weekday d2 = d1 + 3;                  //加法运算符运用到枚举类型
        lblOutput.Text= "d1="+ d1 + ", d2=" + d2;
        lblOutput.Text += "<br/>"+myStr3;
    }
}
```

运行结果如图 3-7 所示。"＋"运算符除了用于算术运算的加法之外，它更多的用处是字符串连接。

图 3-7　使用算术运算符

2．赋值运算符

赋值就是给一个变量传一个新的值。在 C#中，赋值分为简单赋值和复合赋值两大类。运算符"="是简单赋值运算符号；复合赋值运算符号包括+=、-=、*=、/=、%=、|=、^、<<=及>>=等。

3．逻辑运算符

C#提供的逻辑运算符有三个，就是逻辑与（&&）、逻辑或（||）和逻辑非（！）。其中，逻辑与和逻辑或是二元运算符，要求有两个操作数；而逻辑非是一元运算符，只要求一个操作数。

4．运算符的优先级

如果一个表达式中包含多个不同的运算符，那么运算符的优先级将决定运算的先后顺序。表 3-2 列出了运算符的优先级。

表 3-2　运算符从高到低的优先级顺序

类　　别	运　算　符
初级运算符	(x)　x.y　f(x)　a[x]　x++　x--　new　typeof　sizeof　checked　unchecked
一元运算符	+　-　!　~　++x　--x　(T)x
乘除运算符	*　/　%
加减运算符	+　-
移位运算符	<<　>>
关系运算符	<　>　<=>= is as

类　　别	运　算　符
等式运算符	==　!=
逻辑与运算符	&
逻辑异或运算符	^
逻辑或运算符	|
条件与运算符	&&
条件或运算符	||
条件运算符	?:
赋值运算符	=　*=　/=　%=　+=　-=　<<=　>>=　&=　^=　|=

当一个操作数出现在两个有相同优先级的运算符之间时，运算符按照出现的顺序由左至右执行。

除了赋值的运算符，所有二元运算符都是左结合（left-associative）的，也就是说，操作按照从左向右的顺序执行。例如，x+y+z 按(x+y)+z 的计算顺序进行求值。

赋值运算符和条件运算符(?:)按照右结合(right-associative)的原则，即操作按照从右向左的顺序执行。如 x=y=z 按照 x=(y=z)的计算顺序进行求值。

写表达式的时候如果无法确定运算符的有效顺序，则应尽量采用括号来保证运算的顺序。这样也可使得程序一目了然，可读性增强。

3.4.2　条件语句

当程序中需要进行两个或两个以上的选择时，可以根据条件判断来选择将要执行的一组语句。C#提供的选择语句有 if 语句和 switch 语句。

1．if 语句

if 语句依据括号中的布尔表达式选择相关语句执行，基本格式有如下两种。

第一种格式：如果条件成立，就执行后面的语句，是 if 最简单的格式，语法如下。

```
if(条件)
    单条语句;
```

第二种格式：可以有多个 else if 构成多重分支结构，如果构成两重分支，else if 可以省略，语法如下。

```
if(条件1)
{
    语句块（多条语句）;
}
else if(条件2)
{
```

```
    语句块(多条语句);
}
else
{
    语句块（多条语句）;
}
```

程序根据输入值的不同，执行不同的程序分支。

【例 3-7】使用 if 语句。

本案例主要说明条件分支 if 语句的用法，根据学生的成绩值，输出对应的评语。

在网站 "CSProgramming" 中新建网页 "IfExample.aspx"，其他操作步骤与【例 3-1】相同。代码清单如下。

```
public partial class IfExample : System.Web.UI.Page
{
    protected void Page_Load(object sender, EventArgs e)
    {
        int scoreOfStudent = 95;  //定义学生成绩变量 scoreOfStudent，并赋值
        if (scoreOfStudent >= 90 && scoreOfStudent <= 100)
        {//如果成绩为 90-100，输出"你的成绩是：优秀"
            lblOutput.Text="你的成绩是：优秀";
        }
        else if (scoreOfStudent >= 80 && scoreOfStudent < 90)
        {//如果成绩为 80-90（不包含），输出"你的成绩是：良好"
            lblOutput.Text="你的成绩是：良好";
        }
        else if (scoreOfStudent >= 70 && scoreOfStudent < 80)
        {//如果成绩为 70-80（不包含），输出"你的成绩是：中等"
            lblOutput.Text="你的成绩是：中等";
        }
        else if (scoreOfStudent >= 60 && scoreOfStudent < 70)
        {//如果成绩为 60-70（不包含），输出"你的成绩是：及格"
            lblOutput.Text="你的成绩是：及格";
        }
        else if (scoreOfStudent >= 0 && scoreOfStudent < 60)
        {//如果成绩为 0-60（不包含），输出"你的成绩是：不及格"
            lblOutput.Text="你的成绩是：不及格";
        }
        else   //如果成绩值不在上述范围内，输出"错误的数据"
            lblOutput.Text="错误的数据";
    }
}
```

程序输出结果如图 3-8 所示。

图 3-8　使用 if 语句

如果使用嵌套 if 语句，上面的问题可以用下列代码解决，结果是一样的。

```
public partial class IfExample : System.Web.UI.Page
{
    protected void Page_Load(object sender, EventArgs e)
    {
        int scoreOfStudent=95;
        if (scoreOfStudent>=0 && scoreOfStudent<=100)
        {
            if (scoreOfStudent>=60)
            {
                if (scoreOfStudent>=70)
                {
                    if (scoreOfStudent>=80)
                    {
                        if (scoreOfStudent>=90)
                        lblOutput.Text="你的成绩是：优秀";
                    else
                        lblOutput.Text="你的成绩是：良好";
                    }
                else
                    lblOutput.Text="你的成绩是：中等");
                }
            else
                lblOutput.Text="你的成绩是：及格");
            }
        else
            lblOutput.Text="你的成绩是：不及格");
        }
    else
        lblOutput.Text="错误的数据");
```

```
        }
    }
```

显然，第一种解决方式程序的可读性更好一些。

2. switch 语句

switch 语句同样可以构成分支结构，一般构成多重分支。如果想把一个变量表达式与许多不同的值进行比较，并根据不同的比较结果执行不同的程序段，使用 switch 语句会非常方便。switch 语句的格式如下。

```
switch(表达式)
{
    case 常量表达式 1:
        语句块;
        break;
    case 常量表达式 2:
        语句块;
        break;
        ...
    case 常量表达式 n
        语句块;
        break;
    default:
        语句块;
}
```

每一个 switch 语句最多只能有一个 default 标号分支。switch 语句首先计算出 switch 表达式的值，如果 switch 表达式的值等于某一个 switch 分支的常量表达式的值，那么程序控制跳转执行这个 case 标号后的语句块；如果 switch 表达式的值无法与 switch 语句中任何一个常量表达式的值匹配，而且 switch 语句中有 default 分支，程序控制会跳转执行 default 标号后的语句块；如果 switch 表达式的值无法与 switch 语句中任何一个 case 常量表达式的值匹配，而且 switch 语句中没有 default 分支，程序控制会跳转到 switch 语句的结尾。

switch 语句的控制类型，即其表达式的数据类型可以是 sbyte、byte、short、ushort、uint、long、ulong、char、string 或枚举类型。每个 case 标签中的常量表达式必须属于或能隐式转换成控制类型。如果有两个或两个以上 case 标签中的常量表达式值相同，编译时将会报错。

【例 3-8】使用 switch 语句完成【例 3-7】的学生成绩程序。

本案例主要说明条件分支 switch 语句的用法，具体步骤如下。

在网站 "CSProgramming" 中新建网页 "SwitchExample.aspx"，其他操作步骤与【例 3-1】相同，代码清单如下。

```
public partial class SwitchExample : System.Web.UI.Page
{
    protected void Page_Load(object sender, EventArgs e)
```

```
    {
        int scoreOfStudent = 95;     //定义学生成绩变量 scoreOfStudent，并赋值
        int flag = scoreOfStudent / 10;  //将成绩转换为离散的整数值
        switch (flag)
        {
            case 9:
            case 10:
                lblOutput.Text="你的成绩是：优秀";
                break;
            case 8:
                lblOutput.Text="你的成绩是：良好";
                break;
            case 7:
                lblOutput.Text="你的成绩是：中等";
                break;
            case 6:
                lblOutput.Text="你的成绩是：及格";
                break;
            case 0:
            case 1:
            case 2:
            case 3:
            case 4:
            case 5:
                lblOutput.Text="你的成绩是：不及格";
                break;
            default:
                lblOutput.Text="错误的数据";
            break;
        }
    }
}
```

和 C/C++语言的 switch 语句不同的是，C#的 switch 语句不允许穿越，即每一个 case 标签后的语句块必须以 break 结束。

3.4.3 循环语句

循环用于重复执行一组语句。C#中提供了四种循环结构语法，包括 while 循环、do 循环、for 循环以及 foreach 循环。

1．while 循环

while 循环的语法格式如下。

```
while（布尔表达式）
{
    循环体；
}
```

当布尔表达式的值为 True 时，重复执行循环体中的代码；当布尔表达式的值变为 False 时，跳出循环体停止循环。while 语句先判断条件，然后决定是否执行循环体中的代码。和 C 语言不同的是，C#中布尔表达式的返回结果一定是布尔值，不能用返回整数值的表达式替换。

【例 3-9】计算 1 到 100 的和。

本案例主要说明 while 循环语句的用法。程序先判断 while 条件 i<=100 是否成立，成立则执行循环体中的语句，做累加计算，每次执行前检查 while 语句后面的条件；如果条件不成立就退出循环。具体步骤如下。

在网站 "CSProgramming" 中新建网页 "WhileExample.aspx"，其他操作步骤与【例 3-1】相同，代码清单如下。

```
public partial class WhileExample : System.Web.UI.Page
{
    protected void Page_Load(object sender, EventArgs e)
    {
        int i = 1;              //循环初值为 1
        int sum = 0;            //和的初值为 0
        while (i <= 100)
        {
            sum = sum + i;
            i++;
        }
        lblOutput.Text="1 到 100 的和为："+ sum;
    }
}
```

程序的输出结果如图 3-9 所示。

2. do 循环

do 循环的语法格式如下。

```
do
{
    循环体
}while（布尔表达式）；
```

图 3-9　使用 while 语句计算 1 到 100 的和

do 循环语句重复执行一个语句或语句块，直到指定布尔表达式的值为 False 为止。和 while 循环语句刚好相反，do 循环语句是先执行循环体代码，再判断条件，以决定是否继续执行。也就是说，无论布尔表达式为 True 或 False，循环体中的代码至少会执行一次。

【例 3-10】用 do 循环计算 1 到 100 的和。

本案例主要说明 do 循环语句的用法，具体步骤如下。

在网站"CSProgramming"中新建网页"DoExample.aspx"，其他操作步骤与【例 3-1】相同，代码清单如下。

```
public partial class DoExample : System.Web.UI.Page
{
    protected void Page_Load(object sender, EventArgs e)
    {
        int i = 1;              //循环初值为 1
        int sum = 0;            //和的初值为 0
        do
        {
            sum = sum + i;
            i++;
        } while (i <= 100);
        lblOutput.Text = "1 到 100 的和为：" + sum;
    }
}
```

程序一直执行循环体的语句，直到 while 后面的条件不成立为止。当 i 等于 101 的时候，条件不成立，自动退出循环。程序运行结果和【例 3-9】相同。

3．for 循环

for 循环的语法格式如下。

```
for（循环变量初值；布尔表达式；循环变量增量或减量）
{
    循环体；
}
```

for 循环重复执行一个语句或语句块，直到指定的布尔表达式为 False 为止。和 while 循环、do 循环两种循环不同的是，for 循环会自动对循环变量作增量或减量操作。for 循环是循环类型中最复杂的，但也是最常用的。for 关键字后面括号中的三个部分都可以省略，但两个分号不能省略。例如：for（;;）就表示无限循环。

【例 3-11】用 for 循环计算 1 到 100 的和。

本案例主要说明 for 循环语句的用法，具体步骤如下。

在网站"CSProgramming"中新建网页"ForExample.aspx"，其他操作步骤与【例 3-1】相同，代码清单如下。

```
public partial class ForExample : System.Web.UI.Page
{
    protected void Page_Load(object sender, EventArgs e)
    {
```

```
            int sum = 0;                        //和的初值为 0
            for (int i = 1; i <= 100; i++) //循环变量 i 赋初值为 1；循环体的执行条件
为 i <=100；i++表示更新循环变量 i
            {
                sum = sum + i;
            }
            lblOutput.Text = "1 到 100 的和为：" + sum;
        }
    }
```

程序运行结果和【例 3-9】相同。

4. foreach 循环

foreach 循环的语法格式如下。

```
foreach（类型迭代变量 in 集合或数组）
{
    循环体；
}
```

foreach 语句会遍历集合或数组中的每一个元素，为每个元素执行一次循环体中的代码。这种循环形式借鉴了 VB 中 For Each 语句的用法。

【例 3-12】用 foreach 循环计算 1 到 100 之间的和。

本案例主要说明 foreach 循环语句的用法，具体步骤如下。

在网站 "CSProgramming" 中新建网页 "ForeachExample.aspx"，其他操作步骤与【例 3-1】相同，代码清单如下。

```
public partial class ForeachExample : System.Web.UI.Page
{
    protected void Page_Load(object sender, EventArgs e)
    {
        int[] num = new int[100];    //定义 100 个元素的数组
        for (int i = 0; i < 100; i++)
            num[i] = i + 1;    //将 1 到 100 的值赋给数组元素，注意数组下标从 0 开始
        int sum = 0;             //和的初值为 0
        foreach (int i in num)  //用 foreach 循环遍历数组中的每一个元素
        {
            sum = sum + i;
        }
        lblOutput.Text = "1 到 100 的和为：" + sum;
    }
}
```

程序运行结果和前述三种循环一样。

5. 跳转语句

跳转语句用于进行无条件跳转，常用的跳转语句有 break 语句和 continue 语句。

break 语句用于跳出包含它的 switch、while、do、for 或 foreach 循环语句。当有 switch、while、do、for 或 foreach 语句相互嵌套时，break 语句只是跳出直接包含它的那个语句块。

continue 语句的功能是结束本次循环，继续下一次循环，但并不退出循环体。

简单地说，break 用于跳出循环体，而 continue 用于跳出当次循环。

【例 3-13】计算 1 到 100 之间奇数的和。

本案例主要说明 break 和 continue 语句的使用。案例中使用 if 语句进行判断，如果变量 i>=100，则使用 break 语句中止循环；如果变量 i 是偶数，则使用 continue 语句跳过当次循环，进入下一次循环。具体步骤如下。

在网站 "CSProgramming" 中新建网页 "JumpExample.aspx"，其他操作步骤与【例 3-1】相同，代码清单如下。

```
public partial class JumpExample : System.Web.UI.Page
{
    protected void Page_Load(object sender, EventArgs e)
    {
        int sum = 0;                    //和的初值为 0
        int i = 0;                      //循环变量初值为 1
        while (true)                    //无限循环
        {
            i = i + 1;
            if (i >= 100) break;        //如果 i 超过 100，则循环中止
            if (i % 2 == 0) continue;   //如果 i 是偶数，则跳过本次循环
            sum = sum + i;
        }
        lblOutput.Text = "1 到 100 的奇数和为：" + sum;
    }
}
```

程序运行结果如图 3-10 所示。

图 3-10　计算 1 到 100 之间奇数的和

3.5　C#面向对象编程

和 C/C++不同的是，C#和 Java 一样，不允许存在全局的变量和函数。C#是一种完全面

向对象的语言，所有元素都必须封装在类中。类是 C#语言编程中最重要的语法概念，通过对类和类的实例，也就是对象的操作来完成所需功能。本小节将通过实例简单讲解 C#语言中的类、继承以及多态等面向对象的基本概念。

3.5.1　类

类是面向对象编程的基本单位，在 C#中声明类的语法格式如下。

```
class 类名
{
    类成员；
}
```

类成员一般分为数据成员、函数成员和嵌套类型三类，数据成员包括成员变量、常量和事件；函数成员包括方法、属性、构造函数、析构函数、索引和操作符等；嵌套类型包括类、结构和枚举等。

1. 构造函数和析构函数

构造函数用于执行类的实例的初始化。每个类都有构造函数，即使没有声明它，编译器也会自动提供一个默认的构造函数。在访问一个类的时候，系统将最先执行构造函数中的语句。使用构造函数须注意以下几个问题。

- 一个类的构造函数通常与类名相同。
- 构造函数不声明返回类型。
- 构造函数总是 public 类型的。

构造函数在这个类被创建的时候被调用，也就是当执行 new 语句的时候调用，一般用来初始化一些变量。析构函数是当销毁这个类的时候调用，用来释放创建类时占用的资源。因为.NET 具有自动垃圾收集的特性，所以程序中一般不会显示声明析构函数。

2. 类的访问修饰符

类的成员分为本身声明的成员和继承来的成员两大类。类的成员使用不同的访问修饰符定义成员的访问级别。从级别来划分，类的成员分为公有成员（public）、私有成员（private）、保护成员（protected）和内部成员（internal）。公有成员提供了类的外部接口，允许类的使用者从外部进行访问；私有成员只有该类的成员可以访问，类外部是不能访问的。保护成员允许派生类访问，但对外部是隐藏的。内部成员是一种特殊的成员，这种成员对于同一包中的应用程序或库是可以访问的，包之外不能访问。

【例 3-14】类的演示。

本案例主要说明类的定义及使用。程序中定义了一个 Animal 类，在 Animal 类中定义了两个成员变量 weight 和 age、一个构造函数和两个方法成员。在页面装载事件中调用构造函数生成 Animal 类的对象 aAnimal，然后调用 aAnimal 对象的两个方法来输出结果。具体步骤如下。

在网站"CSProgramming"中新建网页"ClassExample.aspx"，其他操作步骤与【例 3-1】相同，代码清单如下。

```
public partial class ClassExample : System.Web.UI.Page
{
    class Animal                                //定义 Animal 类
    {
        int weight;                             //成员变量
        int age;                                //成员变量
        public Animal(int w, int a)             //构造函数
        {
            weight = w;
            age = a;
        }
        public string SayHello()                //方法成员
        {
            return "Animal Say Hello!";
        }
        public string Display()                 //方法成员
        {
            return "Animal 重量为: " + weight + ", 年龄为: " + age;
        }
    }
    protected void Page_Load(object sender, EventArgs e)
    {
        Animal aAnimal = new Animal(10, 5);     //调用构造函数生成类的对象
        lblOutput.Text= aAnimal.Display();      //调用对象的方法
        lblOutput.Text +="<br/>"+aAnimal.SayHello(); //调用对象的方法
    }
}
```

程序输出结果如图 3-11 所示。

图 3-11　类的使用

3.5.2　继承

继承性广泛存在于现实世界的对象中。继承的引入，就是在类之间建立一种相互关系，使得派生类可以继承基类的特性和能力，而且派生类还可以加入新的特性或者修改已有的

特性。例如，狗类可以从动物类继承，所有 ASP.NET 页面都继承自 Page 类。

【例 3-15】继承的使用。

本案例主要说明 C#类的继承性。案例中 Dog 类从 Animal 类继承，同时又定义了自己的构造函数，Dog 类从父类 Animal 继承了方法 Display，并定义了自己的方法 SayHello，在页面装载事件中对象 aDog 调用了这两个方法，实现结果输出。具体步骤如下。

在网站"CSProgramming"中新建网页"InheritanceExample.aspx"，其他操作步骤与【例 3-1】相同，代码清单如下。

```
public partial class InheritanceExample : System.Web.UI.Page
{
    class Animal                          //定义 Animal 类
    {
        int weight;                       //成员变量
        int age;
        public Animal(int w, int a)       //构造函数
        {
            weight = w;
            age = a;
        }
        public string Display()           //方法成员
        {
            return "Animal 重量为: " + weight + ", 年龄为: " + age;
        }
    }
    class Dog : Animal                    //Dog 类从 Animal 类继承
    {
        public Dog(int w, int a) : base(w, a){}//Dog 类的构造函数直接调用基类
构造函数
        public string SayHello()          //方法成员
        {
            return "Dog Say Hello!";
        }
    }
    protected void Page_Load(object sender, EventArgs e)
    {
        Dog aDog = new Dog(10, 5);        //调用构造函数生成类的对象
        lblOutput.Text=aDog.Display();    //调用对象的方法
        lblOutput.Text +="<br/>"+aDog.SayHello();  //调用对象的方法
    }
}
```

程序运行结果如图 3-12 所示。

图 3-12 继承的使用

3.5.3 多态

为了提高软件模块的可扩充性和灵活性，C#引入了多态的概念。所谓多态，就是同一操作使用于不同的类的实例时，不同的类将进行不同的解释，最后产生不同的执行结果。打个通俗的比方，有一个小学生的班级进行大扫除，事先将同学们分成几个小组，分别负责不同的工作，有的组扫地，有的组擦桌子，有的组擦玻璃。老师说"开始劳动吧"，每个组执行的是同一个指令"劳动"，但他们对"劳动"指令的解释是不同的，执行的也是不同的操作。

C#的多态性是通过虚方法实现的。在父类中定义虚方法，在其派生类中再覆盖（override）该虚方法；直到系统运行时，才根据调用该方法的对象实际的类型来决定要执行的是哪一个类的方法，这称为"晚绑定"，或者"运行时绑定"。

通过以下步骤可以使用虚方法实现 C#的多态。

（1）在类中需要定义为虚方法的方法前加上 virtual 修饰符。

（2）在派生类中覆盖基类的虚方法，在方法前加上 override 关键字；在派生类中覆盖虚方法时，要求方法的签名（方法名、返回类型、参数个数、参数类型、参数顺序）完全一致。

（3）生成类的实例时，用父类的对象引用派生类的实例，用该对象调用虚方法时，就达到了多态的目的。

【例 3-16】使用类的多态。

本案例演示了 C#中的多态。Dog 类和 Cat 类从 Animal 类继承，它们的 SayHello 方法前面加上了 override 关键字来覆盖父类的虚方法。代码中的 aAnimal 对象分别引用了 Animal 类、Dog 类和 Cat 类的实例，而 aAnimal 本身的类型是 Animal 类，运行时根据 aAnimal 实际引用的类型，而不是本身的类型决定调用哪一个类的 SayHello 方法。具体步骤如下。

在网站"CSProgramming"中新建网页"PolymorphsimExample.aspx"，其他操作步骤与【例 3-1】相同，代码清单如下。

```
public partial class PolymorphsimExample : System.Web.UI.Page
{
    class Animal                          //定义 Animal 类
    {
        public virtual string SayHello()   //父类定义虚方法
        {
```

```
            return "Animal Say Hello";
        }
    }

    class Dog : Animal                        //Dog 类从 Animal 类继承
    {
        public override string SayHello()     //覆盖虚方法
        {
            return "Dog Say Hello!";
        }
    }
    class Cat : Animal                        //Cat 类从 Animal 类继承
    {
        public override string SayHello()     //覆盖虚方法
        {
            return "Cat Say Hello!";
        }
    }
protected void Page_Load(object sender, EventArgs e)
    {
        Animal aAnimal;
        aAnimal = new Animal();
        lblOutput.Text=aAnimal.SayHello();  //调用 Animal 的 SayHello 方法
        aAnimal = new Dog();
        lblOutput.Text+="<br/>"+aAnimal.SayHello();  //调用 Dog 的 SayHello 方法
        aAnimal = new Cat();
        lblOutput.Text += "<br/>" + aAnimal.SayHello(); //调用 Cat 的 SayHello
方法
    }
}
```

程序运行结果如图 3-13 所示。

图 3-13　类的多态

3.6 实践演练

本节将通过完成一个综合实例来巩固前面所学的 C#编程基础知识。

【例 3-17】给定一个年份和一个月份，要求：（1）判断该年是否是闰年；（2）判断该月属于哪个季节；（3）判断该年该月有多少天。

3.6.1 问题分析

要完成本实例的三个要求，可以在类中分别定义下述三个静态方法。之所以定义为静态方法，是为了避免引用这些方法时生成实例对象。

① 判断闰年方法 IsLeap。是否闰年只和年份有关，所以该方法只有一个表示年份的整型参数。闰年的判断依据是以下两个条件具备其一：能够被 4 整除但不能被 100 整除；或者能被 400 整除。

② 判断季节方法 Season。该方法只和月份有关，所以该方法只有一个表示月份的整型参数。判断依据是：12、1、2 月是冬季；3、4、5 月是春季；6、7、8 月是夏季；9、10、11 月是秋季，可以用 switch 分支语句实现。

③ 判断天数方法 DaysOfMonth。判断一个月有多少天跟年份和月份都有关，所以该方法有两个整型参数，分别代表年份和月份。判断依据是，1、3、5、7、8、10、12 月有 31 天，4、6、9、11 月有 31 天，闰年 2 月有 29 天，平年 2 月有 28 天。

3.6.2 编程实现

在网站"CSProgramming"中新建网页"TestOfLeapYear.aspx"，完整的源代码如下。

```
public partial class TestOfLeapYear : System.Web.UI.Page
{
    //定义判断该年是否闰年的静态方法
    public static bool IsLeap(int year)
    {
        if ((year % 4 == 0) && (year % 100 != 0) || (year % 400 == 0))
            return true;
        else
            return false;
    }
    //定义判断该月属于哪个季节的静态方法
    public static string Season(int month)
    {
        switch (month)
        {
            case 12:
            case 1:
            case 2:
```

```
            return "冬季";      //注意: 函数返回, 不需要再执行 break, 下同
        case 3:
        case 4:
        case 5:
            return "春季";
        case 6:
        case 7:
        case 8:
            return "夏季";
        case 9:
        case 10:
        case 11:
            return "秋季";
        default:
            return "错误";
    }
}
//定义判断该年该月有多少天的静态方法
public static int DaysOfMonth(int year, int month)
{
    switch (month)
    {
        case 1:
        case 3:
        case 5:
        case 7:
        case 8:
        case 10:
        case 12:
            return 31;
        case 4:
        case 6:
        case 9:
        case 11:
            return 30;
        case 2:
            if (IsLeap(year)) //如果是闰年, 2 月有 29 天, 否则 2 月有 28 天。
                return 29;
            else
```

```
                return 28;
        default:
                return -1;
    }
}
protected void Page_Load(object sender, EventArgs e)
{
    int year = 2016;          //给定年份和月份
    int month = 8;
    //判断是否闰年
    if (IsLeap(year))
        lblOutput.Text = year+ "年是闰年。";
    else
        lblOutput.Text = year + "年不是闰年。";
    //判断季节
    lblOutput.Text += "<br/>" + month+"月份属于" + Season(month) + "。";
    //判断天数
    lblOutput.Text += "<br/>" + year+ "年 "+ month + "月有 "+
DaysOfMonth(year, month) + "天。";
    }
}
```

运行结果如图 3-14 所示。

图 3-14　综合实例运行结果

3.7　小结

　　本章主要介绍了 C#语言编程的基础知识，包括变量和常量、数据类型、运算符、条件语句及循环语句等，用通俗的实例诠释每一个语法元素；基于面向对象的三大特性——封装、继承和多态，本章对 C#面向对象的编程机制进行了讲解；最后以一个综合实例分析和实现作为本章知识的应用实践。

第❹章 标准服务器控件

ASP.NET 标准服务器控件是 Web 编程的基本元素，它们提供了用户界面及相关功能。可以说，每个 ASP.NET 动态网页都包含着各种标准服务器控件。本章将重点介绍十多种常用的标准服务器控件，以及使用这些控件构建用户界面并实现网页功能的具体操作方法。

学习目标

● 掌握文本输出控件 Label、文本输入控件 TextBox 和按钮控件 Button、LinkButton、ImageButton 的使用。
● 掌握单选按钮控件 RadioButton 和 RadioButtonList 的使用。
● 掌握多选框控件 CheckBox 和 CheckBoxList 的使用。
● 掌握下拉列表控件 DropDownList 的使用。
● 掌握图像控件 Image、链接控件 Hyperlink 和面板控件 Panel 的使用。
● 用编程的方式向网页动态添加 ASP.NET 控件。
● 制作用户注册、个人信息和建议反馈网页，应用 ASP.NET 标准服务器控件搭建界面，实现网页功能。

4.1 ASP.NET 服务器控件概述

ASP.NET Web 应用开发非常方便和快捷，很重要的一个因素在于它所特有的强大的内置控件库。ASP.NET 服务器控件也称为 Web 服务器控件，是 Web Form 编程的基本元素，是一种可以用在 ASP.NET 网页上的服务器端组件。

Web 服务器控件在服务器上运行，既包括像按钮和文本框一类的窗体控件，也包括一些具有特殊用途的控件，用编程的方式可以控制这些元素。按照功能类别划分，ASP.NET 服务器控件包括标准控件、验证控件、数据控件、导航控件、登录控件和 AJAX 控件。标准控件也就是传统的窗体控件，例如按钮、文本框、图像、超链接等，表 4-1 列出了常用的标准服务器控件。当使用 Visual Studio 开发 Web 应用时，工具箱窗口的"标准"选项卡中会列出这些控件以供开发人员选择使用。

表 4-1　常用标准服务器控件

功能类别	控件类别	说　明
输出文本	Label	标签控件，在网页上输出带格式的文本，可以用编程的方式指定文本内容和格式

功能类别	控件类别	说　明
输出文本	Literal	文字控件，在网页上输出文本，不能对文本应用样式
输入文本	TextBox	文本框，供用户从键盘输入文本
按钮	Button	命令按钮，用户单击可以发送命令
	LinkButton	链接按钮，功能与 Button 相同，外观呈现为链接
	ImageButton	图片按钮，功能与 Button 相同，外观呈现为图片
导航	Hyperlink	超链接，在网页上创建和操作链接，实现页面跳转
单选	RadioButton	单选按钮，多个单选按钮可组合成一组互相排斥的选项，只允许用户从中选择一项
	RadioButtonList	单选按钮列表项集合，允许用户从预定义的列表选项中选择一项
多选	CheckBox	复选框，供用户选中或不选某个选项
	CheckBoxList	复选框列表项集合，用户既可以选中一个或多个选项，也可以不选中任何一项
列表	DropDownList	下拉列表，用户可以从下拉列表框中进行单项选择
	ListBox	列表框，允许用户从预定义的列表中选择一项或多项
图像	Image	在网页上显示图像
容器	Panel	在页面内为其他控件提供一个容器
日历	Calendar	显示单月份日历，用户可以查看和选择日期
上传文件	FileUpload	从用户的计算机向服务器传送文件
表格	Table	在网页上创建表格

4.2 标准服务器控件应用

4.2.1　Label、TextBox 和 Button、LinkButton、ImageButton 控件

1. Label（标签）控件

该控件用于在网页上显示文本，可以用编程的方式控制文本的显示内容及其样式，基本语法格式如下。

```
<asp:Label ID="控件名称" runat="server" Text="显示的文本" />
```

Text 属性是 Label 控件最主要的属性，用以设置显示的文本内容。

2. TextBox（文本框）控件

该控件用于提供给用户向网页输入文本信息，基本语法格式如下。

```
<asp:TextBox ID="控件名称" runat="server" Text="输入的文本" />
```

① TextBox 控件常用属性包括如下几项。

- Text：文本框中的文本。
- TextMode：文本框的使用模式，可设为 SingleLine——单行文本框、MultiLine——多行文本框、PassWord——密码框、Color——颜色选取框，等等。
- ReadOnly：是否只读。
- Wrap：是否换行。

② TextBox 控件常用方法如下。

- Focus()：让文本框获取焦点。

③ TextBox 控件常用事件如下。包括 TextChanged：文本框输入的内容发生改变。

3. 按钮控件

按钮控件让用户可以从网页发送命令，将网页及其事件代码一起提交给服务器处理。按钮控件包括 Button、LinkButton 和 ImageButton 控件三种类型，这三种按钮功能类似，外观不同。Button 控件呈现为一个标准的命令按钮，LinkButton 控件在页面中呈现为一个超链接，ImageButton 则呈现为一个图像。它们的基本语法格式如下。

```
<asp:Button ID="控件名称" runat="server" Text="按钮上的文本" />
<asp:LinkButton ID="控件名称" runat="server" Text="链接上的文本" />
<asp:ImageButton ID="控件名称" runat="server" ImageUrl="图像路径" />
```

按钮控件的常用事件为 Click（单击按钮）事件。

【例 4-1】制作用户注册页面。

本案例演示 Label、TextBox 和 Button 控件的常用属性、方法和事件的使用，以及如何使用表格布局页面。用户在页面上输入用户名和密码后，单击"注册"按钮，页面将输出用户所输入的用户名和密码信息。具体步骤如下。

（1）新建网站"StudentMIS"，新建网页"Register.aspx"，在页面上输入文字"用户注册"；然后选中该文本，在菜单工具栏上的"块格式"下拉列表中选择"标题 3"，在"水平对齐"下拉列表中选择"居中"，将文本的格式设置成为标题 3 并居中。

（2）添加表格进行网页布局。选择"表"→"插入表格"命令，打开如图 4-1 所示的"插入表格"对话框，设置各项表格属性：行数为 5，列数为 2，对齐方式居中，指定宽度 300 像素，指定高度 200 像素，单元格衬距、单元格间距为 0，边框粗细为 1，颜色为深蓝。单击"确定"按钮，网页上将创建如图 4-2 所示的表格。

（3）设置单元格属性。选中表格的第一列单元格，然后在属性面板上单击"style"属性后的方块按钮，打开"修改样式"对话框，如图 4-3 所示。在"字体"类别中设置 font-size（字号）

图 4-1 "插入表格"窗口

为 small，font-weight（字体粗细）为 bold；在"块"类别中设置 vertical-align（垂直对齐）为 middle，text-align（水平对齐）为 right；在"定位"类别中设置 width（宽度）为 100px，然后单击"确定"按钮。

图 4-2　网页上创建的表格

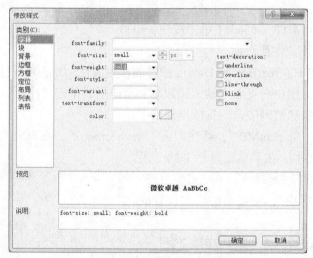

图 4-3　"修改样式"窗口

（4）选中表格的第二列单元格，重复前述操作，在"块"类别中设置 vertical-align 为 middle，text-align 为 left。

（5）选中第四行的两个单元格，右击，在弹出的快捷菜单中选择"修改"→"合并单元格"命令，将两个单元格合并，并设置其 text-align 为 center；然后合并第五行的两个单元格，并设置 text-align 为 center。

（6）添加网页元素和控件。如图 4-4 所示，在表格的各单元格中分别输入文字，放入 3 个 TextBox 控件、1 个 Button 和 1 个 Label 控件。按照表 4-2 设置各个控件

图 4-4　用户注册页面元素与控件

的属性。

表 4-2　用户注册页控件属性设置

控　件	属　性	值	说　明
TextBox	ID	txtName	输入用户名
TextBox	ID	txtPassword1	输入密码
	TextMode	Password	
TextBox	ID	txtPassword2	再次输入密码
	TextMode	Password	
Button	ID	btnSubmit	单击提交页面
	Text	注册	
Label	ID	lblTip	显示页面提示信息
	Text	（空）	

将两个输入密码的文本框的 TextMode 属性设置为 Password，使文本框中输入的字符用特殊字符来显示。

切换到"源"视图，查看页面的源代码，如下。

```
<html xmlns="http://www.w3.org/1999/xhtml">
<head runat="server">
    <meta http-equiv="Content-Type" content="text/html; charset=utf-8"/>
    <title></title>
    <style type="text/css">
        .auto-style1 {width: 300px; height: 200px; border: 1px solid
#000066;}
    </style>
</head>
<body>
<form id="form1" runat="server">
    <div><p style="text-align: center"><strong>用户注册</strong></p></div>
    <table align="center" cellpadding="0" cellspacing="0" class="auto-
style1">
    <tr>
        <td style="font-size: small; font-weight: bold; vertical-align:
middle; text-align: right; width: 100px;">用户名: </td>
        <td><asp:TextBox ID="txtName" runat="server"></asp:TextBox></td>
    </tr>
    <tr>
        <td style="font-size: small; font-weight: bold; vertical-align:
```

```
middle; text-align: right; width: 100px;">密码: </td>
        <td><asp:TextBox    ID="txtPassword1"    runat="server"    TextMode=
"Password"></asp:TextBox></td>
    </tr>
    <tr>
        <td style="font-size: small; font-weight: bold; vertical-align:
middle; text-align: right; width: 100px;">再次输入密码: </td>
        <td><asp:TextBox    ID="txtPassword2"    runat="server"    TextMode=
"Password"></asp:TextBox></td>
    </tr>
    <tr>
        <td style="font-size: small; font-weight: bold; vertical-align:
middle; text-align: center; " colspan="2"><asp:Button ID="btnSubmit" runat=
"server" Text="注册" /></td>
    </tr>
    <tr>
        <td style="font-size: small; font-weight: bold; vertical-align:
middle; text-align: center; " colspan="2"><asp:Label ID="lblTip" runat=
"server"></asp:Label></td>
    </tr>
    </table>
    </form>
    </body>
    </html>
```

（7）编辑后台代码。双击按钮打开代码文件，输入 btnSubmit_Click 事件处理代码，具体如下。

```
protected void btnSubmit_Click(object sender, EventArgs e)
{
    if (string.IsNullOrEmpty(txtName.Text))              //如果用户名输入为空
    {
        lblTip.Text = "请输入用户名";                        //页面提示
        lblTip.ForeColor = System.Drawing.Color.Red;//提示文字颜色设置为红色
        txtName.Focus();                                //用户名文本框获取焦点
    }
    else if (txtPassword1.Text != txtPassword2.Text)//如果两个密码框输入不一致
    {
        lblTip.Text = "两次密码输入不一致";
        lblTip.ForeColor = System.Drawing.Color.Red;
        txtPassword1.Focus();
```

```
    }
    else
    {
        lblTip.Text = "注册成功！用户名：" + txtName.Text + "；密码：" +
txtPassword1.Text;                                    //输出用户名和密码
    }
}
```

（8）运行网页。用户输入用户名和密码后，单击注册按钮，页面显示用户所输入的用户名和密码，如图 4-5 所示。

图 4-5 用户注册页面运行效果

4.2.2 RadioButton 和 RadioButtonList 控件

RadioButton（单选按钮）控件和 RadioButtonList（单选按钮列表）控件提供了一组互相排斥的预定义选项，用户能够从中选择一个选项。

1. RadioButton 控件

RadioButton 控件可以单个使用，但通常是将两个或多个单独的按钮组合在一起，但在一个组内每次只能选择一个，基本语法格式如下。

```
<asp:RadioButton ID="控件名称" runat="server"/>
```

① RadioButton 控件常用属性包括如下几种。
- Checked：单选按钮的选中状态，取值为 True 或 False。
- Text：单选按钮显示的文本。
- GroupName：单选按钮所属的组名，具有相同组名的所有单选按钮互斥。

② RadioButton 控件常用事件如下。
- CheckedChanged：单选按钮的选中状态改变。

2. RadioButtonList 控件

RadioButtonList 控件是一个包含一组单选按钮列表项的集合控件。基本语法格式如下：

```
<asp:RadioButtonList ID="控件名称" runat="server">
    <asp:ListItem/>
```

```
        <asp:ListItem/>
          …

    </asp:RadioButtonList>
```

① RadioButtonList 控件常用属性包括如下几种。

- SelectedItem：选中的列表项。
- SelectedValue：选中列表项的值。
- SelectedIndex：选中列表项的索引号。
- Text：某个列表项的文本。
- Items：控件中的列表项集合。
- ReapeatColums：每行显示的列表项的列数。
- RepeatDirection：控件列表项的排列方向。

② RadioButtonList 控件的常用事件如下。

- SelectedIndexChanged：列表中的选中项发生改变。

③ RadioButtonList 控件中包含列表项 ListItem，ListItem 常用属性如下。

- Selected：列表项是否被选中。
- Text：列表项的文本。
- Value：列表项的值。

RadioButton 控件和 RadioButtonList 控件各有优点，使用单个 RadioButton 控件相对来说可以更好地控制按钮组的布局；而 RadioButtonList 控件在数据绑定、编码检查选中项方面实现起来更为简单一些。

【例 4-2】制作个人信息页面。

本案例演示了 RadioButton 控件和 RadioButtonList 控件的使用。个人信息页面提供给用户完善个人信息，本案例主要实现性别和生源地信息的选择，用户在页面上选择性别、生源地后，单击确定按钮，页面将输出用户所选择的信息。具体步骤如下。

（1）在"StudentMIS"网站中新建网页"PersonalInfo.aspx"，在页面上输入文字"个人信息"，并将文本的格式设置成为标题 3 并居中。

（2）使用表格布局，界面布局如图 4-6 所示。在页面中插入表格，设置表格各项属性：行数为 4，列数为 2，对齐方式居中，宽度 400 像素，单元格衬距、单元格间距为 0，边框粗细为 1，颜色为深蓝。设置单元格属性：第一列单元格宽度为 100px，字体小号、粗体，垂直对齐居

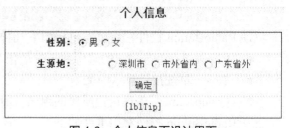

图 4-6　个人信息页设计界面

中，水平对齐靠右；第二列单元格垂直对齐居中，水平对齐靠左。第三、四行单元格分别合并，设置水平对齐居中。在表格的各单元格中分别输入文字，放入 2 个 RadioButton 控件、1 个 RadioButtonList 控件、1 个 Button 和 1 个 Label 控件，并按照表 4-3 设置各个控件的属性。

表 4-3　个人信息页控件属性设置

控　件	属性	值	说　明
RadioButton	ID	rbMale	性别选项 "男"
	Text	男	
	GroupName	Sex	
	Checked	True	
	Font-Size	Small	
RadioButton	ID	rbFemale	性别选项 "女"
	Text	女	
	GroupName	Sex	
	Font-Size	Small	
RadioButtonList	ID	rblOrigin	生源地选项列表
	RepeatDirection	Horizontal	
	Font-Size	Small	
Button	ID	btnSubmit	单击提交页面
	Text	确定	
Label	ID	lblTip	显示页面提示信息
	Text	（空）	

　　两个 RadioButton 的 GroupName 属性都设置为 Sex，表示它们归属同一组，用户在它们当中只能选中一个。其中，性别选项 "男"RadioButton 的 Checked 属性值设为 True，表示 "男" 是默认选中项。

　　生源地选项列表 RadioButtonList 控件包含 3 个列表项，可以使用 ListItem 集合编辑器来添加列表项。选中该 RadioButtonList 控件，单击右上角的任务按钮 "▷" 弹出 RadioButtonList 菜单，选择 "编辑项..." 命令，弹出图 4-7 所示的 ListItem 集合编辑器，单击 "添加" 按钮即可添加一个列表项；在右侧的属性面板中设置属性，表 4-4 列出了各列表项的具体属性参考设置。

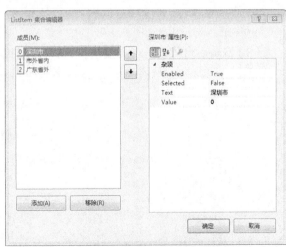

图 4-7　ListItem 集合编辑器窗口

表4-4　生源地列表项属性设置

列　表　项	属　　性	值	说　　明
ListItem[0]	Selected	False	生源地选项"深圳市"
	Text	深圳市	
	Value	0	
ListItem[1]	Selected	False	生源地选项"市外省内"
	Text	市外省内	
	Value	1	
ListItem[2]	Selected	False	生源地选项"广东省外"
	Text	广东省外	
	Value	2	

"源"视图中，"性别"选项单选按钮的源代码如下。

```
<asp:RadioButton ID="rbMale" runat="server" Font-Size="Small" Text="男"
GroupName="Sex" Checked="True" />
<asp:RadioButton ID="rbFemale" runat="server" Font-Size="Small" Text="女
" GroupName="Sex" />
```

"生源地"单选按钮列表的源代码如下。

```
<asp:RadioButtonList  ID="rblOrigin"  runat="server"  Font-Size="Small"
RepeatDirection="Horizontal">
    <asp:ListItem Value="0">深圳市</asp:ListItem>
    <asp:ListItem Value="1">市外省内</asp:ListItem>
    <asp:ListItem Value="2">广东省外</asp:ListItem>
</asp:RadioButtonList>
```

（3）编辑后台代码。双击按钮打开代码文件，输入 btnSubmit_Click 事件处理代码如下。

```
protected void btnSubmit_Click(object sender, EventArgs e)
{
    //性别
    if (rbMale.Checked)                 //选项"男"被选中
        lblTip.Text = "性别：男<br/>";
    else                                //否则，选项"女"被选中
        lblTip.Text = "性别：女<br/>";
    //生源地
    if(rblOrigin.SelectedIndex!=-1)     //如果用户选择了某个选项
        lblTip.Text += "生源地："+rblOrigin.SelectedItem.Text+ "<br/>";
                                        //显示生源地选项列表的选中项的文本
    else
```

```
        lblTip.Text += "生源地：你未进行选择！<br/>";
    }
```

上述代码中，使用 RadioButtonList 控件的 SelectedIndex 属性来判断用户是否选中了某个列表项。如果用户没有选择任何选项，SelectedIndex 属性返回值为-1；否则返回选中列表项的索引号。

（4）运行网页。用户选择性别、生源地后，单击"确定"按钮，页面即可显示用户所选信息，如图 4-8 所示。

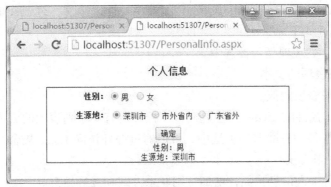

图 4-8　个人信息页面运行效果

4.2.3　CheckBox 和 CheckBoxList 控件

CheckBox（复选框）控件和 CheckBoxList（复选框列表）控件允许用户选中或不选中某个列表项，实现多选功能。CheckBox 是单个独立控件，一个 CheckBox 控件代表一个选项。而 CheckBoxList 控件则是一个复选框列表项的集合控件，表现为一个多选复选框组。如果需要使用多个列表项，使用 CheckBoxList 控件更为方便，尤其是在需要通过绑定数据源的数据来创建一系列复选框的时候。使用多个 CheckBox 控件可以更方便地控制布局。

1．CheckBox 控件

CheckBox 控件单个使用的基本语法格式如下。

```
<asp:CheckBox ID="控件名称" runat="server"/>
```

① CheckBox 控件常用属性如下。
● ＿Checked：控件是否被选中，值为 True 或 False。
● ＿Text：与控件关联的文本标签。
② 常用事件。
● CheckedChanged：用户单击控件时触发。

2．CheckBoxList 控件

CheckBoxList 控件是包含一组复选框的集合控件。基本语法格式如下：

```
<asp:CheckBoxList ID="控件名称" runat="server">
    <asp:ListItem/>
    <asp:ListItem/>
        …
```

```
</asp:CheckBoxList>
```

① CheckBoxList 控件常用属性如下。

- Items：控件列表项的集合。
- ReapeatColums：每行显示的列表项的列数。
- RepeatDirection：控件列表项的排列方向。

② 常用事件。

- SelectedIndexChanged：列表中的选中项发生改变。

③ CheckBoxList 控件与 RadioButtonList 控件一样，包含一组 ListItem 的集合，每个 ListItem 的常用属性如下。

- Selected：列表项是否被选中。
- Text：列表项的文本。
- Value：列表项的值。

CheckBoxList 控件的 Items 属性返回包含控件所有单个列表项的成员集合。如果要确定 CheckBoxList 控件中有哪些项被选中，可以通过循环访问 Items 集合并检查集合中每个项的 Selected 属性来实现。

【例 4-3】完善个人信息页面，增加常用联系方式和爱好信息。

本案例演示了 CheckBox 控件和 CheckBoxList 控件的使用。在个人信息页面增加"常用联系方式"和"爱好"的多个选项，用户可以从中多选，选择完毕后，单击"确定"按钮，页面将输出用户所选择的常用联系方式和爱好信息。具体步骤如下。

（1）在网站"StudentMIS"中打开网页"PersonalInfo.aspx"。

（2）如图 4-9 所示，在原有表格中新增两行，在各单元格中分别输入文字，放入 3 个 CheckBox 控件和 1 个 CheckBoxList 控件，并按照表 4-5 设置各个控件的属性。

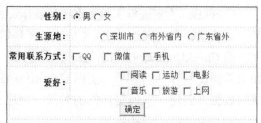

图 4-9　增加"常用联系方式"和"爱好"两项信息

表 4-5　CheckBox 控件和 CheckBoxList 控件属性设置

控　件	属　性	值	说　明
CheckBox	ID	chbQQ	联系方式选项"QQ"
	Text	QQ	
	Font-Size	Small	
CheckBox	ID	chbWeChat	联系方式选项"微信"
	Text	微信	
	Font-Size	Small	
CheckBox	ID	chbPhone	联系方式选项"手机"

续表

控　　件	属　　性	值	说　　明
CheckBox	Text	手机	
	Font-Size	Small	
CheckBoxList	ID	chblHobby	"爱好"复选框列表
	RepeatDirection	Horizontal	
	RepeatColumns	3	
	Height	30px	
	Font-Size	Small	

接下来添加"爱好"复选框列表控件的列表项，其操作过程和 RadioButtonList 控件添加列表项相同。选中 CheckBoxList 控件，单击右上角的任务按钮"▷"弹出菜单，选择"编辑项…"命令，弹出 ListItem 集合编辑器；在编辑器中每单击"添加"按钮即可添加一个列表项，并在右侧的属性面板中设置各个列表项的 Text 属性，分别为阅读、运动、电影、音乐、旅游、上网。

"常用联系方式"复选框控件的源代码如下。

```
<asp:CheckBox ID="chbQQ" runat="server" Font-Size="Small" Text="QQ" />
<asp:CheckBox ID="chbWeChat" runat="server" Font-Size="Small" Text="微信" />
<asp:CheckBox ID="chbPhone" runat="server" Font-Size="Small" Text="手机" />
```

"爱好"复选框列表的源代码如下。

```
<asp:CheckBoxList    ID="chblHobby"    runat="server"    Font-Size="Small"
Height="30px" RepeatColumns="3" RepeatDirection="Horizontal">
    <asp:ListItem>阅读</asp:ListItem>
    <asp:ListItem>运动</asp:ListItem>
    <asp:ListItem>电影</asp:ListItem>
    <asp:ListItem>音乐</asp:ListItem>
    <asp:ListItem>旅游</asp:ListItem>
    <asp:ListItem>上网</asp:ListItem>
</asp:CheckBoxList>
```

（3）双击按钮打开代码文件，在 btnSubmit_Click 事件处理代码中增加如下代码。

```
protected void btnSubmit_Click(object sender, EventArgs e)
{
    ……
    //常用联系方式
    string strContact = "";
    if (chbQQ.Checked)                 //"QQ"选项被选中
        strContact += chbQQ.Text+"、";
```

63

```
        if (chbWeChat.Checked)              //"微信"选项被选中
            strContact += chbWeChat.Text + "、";
        if (chbPhone.Checked)               //"手机"选项被选中
            strContact += chbPhone.Text + "、";
        if (strContact == "")               //如果没选择任何选项
            lblTip.Text += "常用联系方式：你未进行选择！<br/>";
        else                                //否则，去除最后的顿号，输出选中项的文本
            lblTip.Text += "常用联系方式："+ strContact.Substring(0, strContact.
Length - 1) + "<br/>";
        //爱好
        string strHobby = "";
        for (int i = 0; i < chblHobby.Items.Count; i++)    //遍历列表项
        {
            if (chblHobby.Items[i].Selected)              //某一列表项被选中
                strHobby += chblHobby.Items[i].Text + "、";
        }
        if (strHobby == "")
            lblTip.Text += "爱好：你未进行选择！<br/>";
        else
            lblTip.Text += "爱好：" + strHobby.Substring(0, strHobby.Length - 1)
+ "<br/>";
    }
```

（4）运行网页。选择常用联系方式、爱好后，单击"确定"按钮，页面显示如图 4-10 所示。

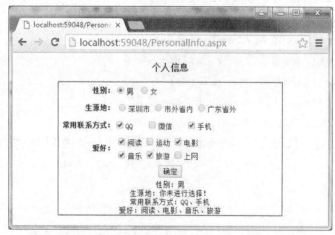

图 4-10　选择常用联系方式、爱好后的页面运行效果

4.2.4　DropDownList 控件

DropDownList（下拉列表）控件是包含一组列表项的集合控件，它允许用户从下拉列

表中选择单个选项。它由一个显示选中项的文本框和一个下拉按钮组成，当用户单击下拉按钮时，DropDownList 控件将展开显示所有项的列表。其基本语法格式如下。

```
<asp:DropDownList ID="控件名称" runat="server">
    <asp:ListItem/>
    <asp:ListItem/>
        ...

</asp:DropDownList>
```

① DropDownList 控件常用属性如下。

● SelectedItem：选中的列表项。

● SelectedValue：选中列表项的值。

● SelectedIndex：选中列表项的索引号。

● Text：某个列表项的文本。

② DropDownList 控件常用事件如下。

③ SelectedIndexChanged：下拉列表的选中项发生改变。

④ DropDownList 控件包含一组列表项 ListItem，每个 ListItem 的常用属性如下。

● Selected：列表项是否被选中。

● Text：列表项的文本。

● Value：列表项的值。

【例 4-4】完善个人信息页面，增加入学年份信息。

本案例介绍 DropDownList 控件的使用以及动态添加列表项的编程方法。用户在页面上使用下拉列表选择入学年份后，单击"确定"按钮，页面会输出用户所选择的年份信息。

在【例 4-2】和【例 4-3】中，在设计时都是使用 ListItem 集合编辑器添加控件的列表项，本例将以编程的方式动态添加 DropDownList 控件的列表项。具体步骤如下。

（1）打开网页"PersonalInfo.aspx"。

（2）如图 4-11 所示，在原有表格中新增一行，在单元格中分别输入文字，放入 1 个 DropDownList 控件，设置控件的 ID 属性为 ddlYear。

"入学年份"下拉列表的源代码如下。

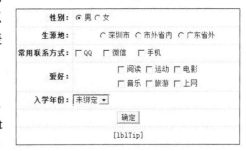

图 4-11 增加"入学年份"信息

```
<asp:DropDownList ID="ddlYear" runat="server"></asp:DropDownList>
```

（3）以编程方式添加 DropDownList 控件的列表项。

DropDownList 控件和 RadioButtonList 控件、CheckBoxList 控件一样，可以在设计时使用 ListItem 集合编辑器静态添加控件的列表项，操作过程如【例 4-2】、【例 4-3】所述。此外，它们也可以用编程的方式添加控件的列表项。下面用代码为 DropDownList 控件添加年份选项，在代码文件的 Page_Load 事件处理代码中增加如下代码。

```
protected void Page_Load(object sender, EventArgs e)

    {
```

```
            //填充入学年份列表
            if (!IsPostBack)//只有在页面为首次加载访问，非回发的情况下执行以下代码
            {
                for (int i =2010 ; i <= DateTime.Now.Year; i++)  //添加从 2010 年到
当前的年份数据
                {
                    ddlYear.Items.Add(i.ToString());
                }
            }
        }
```

（4）双击按钮打开代码义件，在 btnSubmit_Click 事件处理代码中增加如下代码。

```
protected void btnSubmit_Click(object sender, EventArgs e)
{
    …
    //入学年份
    if (ddlYear.SelectedIndex != -1)
        lblTip.Text += "入学年份: " + ddlYear.SelectedItem.Text + "<br/>";
}
```

（5）运行网页。选择入学年份，单击"确定"按钮，页面显示结果，如图 4-12 所示。

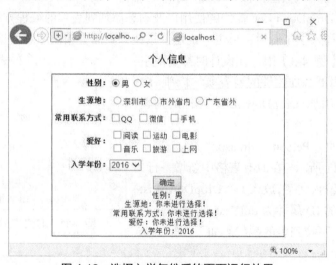

图 4-12　选择入学年份后的页面运行效果

4.2.5　Image 控件

Image（图像）控件用于在网页上显示图像，基本语法格式如下。

```
<asp:Image ID="控件名称" runat="server" ImageUrl ="图像路径"/>
```

Image 控件常用属性如下。

● ImageUrl：控件显示图像的路径。

● AlternateText：当指定的图像不可用时控件所显示的文本。

● ImageAlign：网页上的其他元素相对于图像的对齐方式。

【例 4-5】完善个人信息页面，让用户选择头像。

本案例介绍 Image 控件的使用。用户在网页上使用下拉列表选择头像的名称，随即在旁边的 Image 控件中显示出对应的图像。具体步骤如下。

（1）准备图像，将所需头像图片放入网站。本例准备了 8 张头像图片，分别命名为

1.bmp、2.bmp、3.bmp……在"解决方案资源管理器"中右击网站名称"StudentMIS"，然后选择"添加"→"新建文件夹"命令，新建"Images"文件夹。接下来右击文件夹"Images"，选择"添加"→"现有项"命令，将准备好的头像图片添加到网站中。

（2）打开网页"PersonalInfo.aspx"，如图 4-13所示，在原有表格中新增一行，在单元格中分别输入文字，放入 1 个 DropDownList 控件和 1 个 Image 控件，并按照表 4-6 设置各个控件的属性。

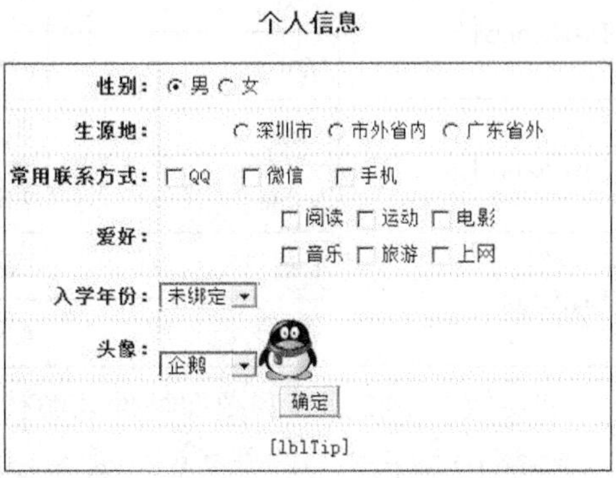

图 4-13　增加选择头像信息的界面

表 4-6　DropDownList 控件和 Image 控件属性

控 件	属 性	值	说 明
DropDownList	ID	ddlHeadImg	头像名称下拉列表
	AutoPostBack	True	
Image	ID	imgHead	显示用户选择的头像，显示尺寸为 40*40 像素
	ImageUrl	~/Images/1.bmp	
	Width	40	
	Heigh	40	

（3）为 DropDownList 控件添加 8 个列表项，按照表 4-7 设置各个列表项的属性。

表 4-7　头像列表项属性设置

列表项	属性	值	说明
ListItem[0]	Text	企鹅	头像选项"企鹅"
	Value	1.bmp	
ListItem[1]	Text	跳跳蛙	头像选项"跳跳蛙"
	Value	2.bmp	
ListItem[2]	Text	大头狗	头像选项"大头狗"
	Value	3.bmp	
ListItem[3]	Text	长耳兔	头像选项"长耳兔"
	Value	4.bmp	

列表项	属性	值	说明
ListItem[4]	Text	火公鸡	头像选项"火公鸡"
	Value	5.bmp	
ListItem[5]	Text	护士	头像选项"护士"
	Value	6.bmp	
ListItem[6]	Text	职员	头像选项"职员"
	Value	7.bmp	
ListItem[7]	Text	海盗	头像选项"海盗"
	Value	8.bmp	

"头像"下拉列表和图像控件的源代码如下。

```
<asp:DropDownList ID="ddlHeadImg" runat="server" AutoPostBack="True">
    <asp:ListItem Value="1.bmp">企鹅</asp:ListItem>
    <asp:ListItem Value="2.bmp">跳跳蛙</asp:ListItem>
    <asp:ListItem Value="3.bmp">大头狗</asp:ListItem>
    <asp:ListItem Value="4.bmp">长耳兔</asp:ListItem>
    <asp:ListItem Value="5.bmp">火公鸡</asp:ListItem>
    <asp:ListItem Value="6.bmp">护士</asp:ListItem>
    <asp:ListItem Value="7.bmp">职员</asp:ListItem>
    <asp:ListItem Value="8.bmp">海盗</asp:ListItem>
</asp:DropDownList>
<asp:Image ID="imgHead" runat="server" ImageUrl="~/Images/1.bmp" Width=
"40" Heigh="40" />
```

注意，本例中将"头像"下拉列表 DropDownList 控件的 AutoPostBack 属性设置为 True。AutoPostBack 属性用于指定控件是否发生自动回传到服务器的操作，也就是说当控件的值更改后是否立即和服务器进行交互。AutoPostBack 属性的取值可以是 True 或者 False，如果为 True，则启用自动回传；为 False，控件就不和服务器交互。绝大多数 ASP.NET 控件的 AutoPostBack 属性值默认为 False。本例中 Dropdownlist 控件的 AutoPostBack 属性设置为 True，则当用户更换下拉列表选项时会立即执行 SelectedIndexChanged()事件中的代码，刷新页面，切换头像图片。

（4）双击"头像"DropDownList 控件进入代码文件，在 ddlHeadImg_SelectedIndexChanged 事件处理中编写如下代码。

```
protected void ddlHeadImg_SelectedIndexChanged(object sender, EventArgs e)
{
    imgHead.ImageUrl = "~/Images/" + ddlHeadImg.SelectedValue;   //将显示图
像的路径设置为下拉列表选中项的值
}
```

（5）运行网页。在头像下拉列表中选择一个名称，如图 4-14 所示，右侧的图像控件即显示所选择的头像，如图 4-15 所示。

图 4-14　选择头像名称　　　　　图 4-15　显示所选头像的页面运行效果

4.2.6　Hyperlink 控件

Hyperlink（链接）控件可以在网页上创建链接来指向另一个网页，实现页面间的跳转。它在页面上显示为一个可单击的文本或图像，当用户单击时执行导航。基本语法格式如下。

```
<asp:Hyperlink ID="控件名称" runat="server" NavigateUrl ="网页 Url 地址"/>
```

Hyperlink 控件常用属性如下。

- NavigateUrl：链接指向的网页 Url 地址。
- Text：HyperLink 控件显示的文本。
- ImageUrl：HyperLink 控件显示的图像的路径。

如果同时设置了 HyperLink 控件的 Text 和 ImageUrl 属性，则 ImageUrl 属性优先，在页面上控件显示为一个指定路径的图像。如果浏览器支持工具提示功能，Text 属性设置的文本就会显示为工具提示。如果在网页运行时无法读取 ImageUrl 属性所指定的图像，那么HyperLink 控件将会显示为 Text 属性所指定的文本。

【例 4-6】完善用户注册页面，添加一个链接指向个人信息页面。

本案例介绍 Hyperlink 控件的使用。当用户注册成功后，页面上输出用户注册信息的同时，将出现一个链接导航到个人信息页面。具体步骤如下。

（1）打开用户注册网页文件"Register.aspx"。

（2）如图 4-16 所示，在表格最下面的单元格中放入 1 个 Hyperlink 控件，设置控件的 ID 属性为"hlnkPI"，Text 属性为"完善个人信息"，NavigateUrl属性为"~/PersonalInfo.aspx"（也就是个人信息页面的 Url 地址），Visible 属性为"False"。

控件对应的源代码如下。

图 4-16　增加了链接信息的用户注册界面

```
<asp:HyperLink ID="hlnkPI" runat="server" NavigateUrl="~/PersonalInfo.
aspx" Visible="False">完善个人信息</asp:HyperLink>
```

在此需要注意的是，"完善个人信息"这一链接在页面初始运行时并不显示，只是在用户注册成功时才出现在页面上，所以在设计时将它的 Visible 属性设置为 False，表示该控件在页面上不可见。

（3）注册成功时显示链接。在 btnSubmit_Click 事件处理代码中增加如下代码。

```
protected void btnSubmit_Click(object sender, EventArgs e)
{
    if (string.IsNullOrEmpty(txtName.Text))
    {//如果用户名输入为空
        ...
    }
    else if (txtPassword1.Text != txtPassword2.Text)
    {//如果两次密码输入不一致
        ...
    }
    else    //注册成功
    {
        ...
        hlnkPI.Visible = true;      //设置"完善个人信息"链接为可见
    }
}
```

（4）运行网页。用户正确输入用户名和密码后，单击"注册"按钮，页面将显示如图 4-17 所示的链接，单击该链接将直接打开"完善个人信息"页面。

图 4-17　显示链接的页面运行效果

4.2.7　Panel 控件

Panel（面板）控件是一个容器控件。如果将多个控件放入同一个 Panel 控件，就可以将它们作为一个单元进行整体控制。在需要以编程方式生成、隐藏或显示一组控件的时候，往往使用 Panel 控件来实现整体操作，基本语法格式如下。

```
<asp:Panel ID="控件名称" runat="server"/>
```

Panel 控件常用属性如下。

● ScrollBars：控件滚动条的位置和可见性。

● BackImageUrl：面板控件的背景图像的路径。

【例4-7】制作用户建议反馈页面（使用Panel控件）。

本案例主要介绍Panel控件的使用，通过Panel控件实现多个控件以及其他网页元素的整体显示或隐藏。本页面包含两部分内容，一部分是用户填写建议反馈的相关内容，另一部分是用户提交建议后页面显示的感谢内容，这两部分内容需要在不同时间分别显示，页面运行初始时显示填写建议，用户提交建议后显示感谢信息。设计页面时，这两部分内容分别放入两个不同的Panel控件，通过设置它们的可见性，实现它们的分时显示。

具体步骤如下。

（1）在"StudentMIS"网站中新建网页"Feedback.aspx"。

（2）如图4-18所示，在页面上放入2个Panel控件，在第一个Panel控件中输入图中所示的文字，将标题文字的格式设置成为标题3并居中，放入1个TextBox控件和1个Button控件；在第二个Panel控件中输入图中所示的感谢文字，并按照表4-8所示设置各个控件的属性。

图 4-18　用户建议反馈界面

表 4-8　用户建议反馈页面控件属性设置

控　件	属　性	值	说　　明
Panel	ID	plContent	用户填写建议反馈的面板
Panel	ID	plTip	显示感谢信息的面板
	Visible	False	
	Heigh	50	
	BorderStyle	Solid	
	BorderWidth	1	
TextBox	ID	txtSuggestion	用户填写建议的文本框
	TextMode	MultiLine	
	Height	150px	
	Width	350px	
Button	ID	btnSubmit	"提交"按钮
	Text	提交	

控件对应的源代码如下。

```
<asp:Panel ID="plContent" runat="server">
    <strong>建议反馈</strong><br /><br />
    <span class="auto-style1">如对本网站有任何改进建议，请在下面的输入框中填写：
</span><br />
    <asp:TextBox ID="txtSuggestion" runat="server" Height="150px"
TextMode="MultiLine" Width="350px"></asp:TextBox><br /><br />
    <asp:Button ID="btnSubmit" runat="server" Text="提交" />
</asp:Panel>
<asp:Panel ID="plTip" runat="server"Visible="false" Height="50"
BorderStyle="Solid" BorderWidth="1">
    <br /><span class="auto-style1">谢谢你的宝贵建议！</span>
</asp:Panel>
```

由于感谢信息在页面运行初始时不显示，所以在设计时将包含感谢信息的 Panel 面板的 Visible 属性设置为 False，为不可见。

将 TextBox 的 TextMode 属性设置为 MultiLine，在页面上显示为一个多行文本框。

（3）实现 Panel 控件的可见性切换。在 btnSubmit_Click 事件处理中写入以下代码。

```
protected void btnSubmit_Click(object sender, EventArgs e)
{
    if(!string.IsNullOrEmpty(txtSuggestion.Text))      //用户填写了建议
    {
        plContent.Visible = false;                      //填写建议面板隐藏
        plTip.Visible = true;                           //感谢信息面板显示
    }
}
```

（4）运行网页，页面显示结果如图 4-19 所示，仅包含供用户输入建议的部分。用户在文本框中输入建议，单击"提交"按钮后，页面显示结果如图 4-20 所示，仅显示感谢信息部分，用户输入建议的内容全部隐藏。

图 4-19　填写用户建议界面

图 4-20 显示感谢信息界面

4.2.8 控制控件的外观、可见性和可用性

通过设置控件的样式和布局等相关属性，可以控制控件的外观。所有标准服务器控件都有一些通用的外观属性，如 BackColor、Width、Height 等，分别用来控制控件的背景色、宽度、高度等。表 4-9 列出了常用的与控件外观相关的属性。

表 4-9 常用控件外观属性

属性名称		取 值	说 明
Width		nn、nn%	控件的宽度。如果使用 nn，nn 是整数，单位是像素；如果使用 nn%，表示是容器宽度的百分比
Height		nn、nn%	控件的高度。如果使用 nn，nn 是整数，单位是像素；如果使用 nn%，表示是容器高度的百分比
BackColor		Red、Green、Blue 等	背景颜色
BorderColor		Red、Green、Blue 等	边框颜色
BorderStyle		Dashed、Dotted、Double、NotSet 等	边框样式。默认为 NotSet
BorderWidth		nn、nnpt	边框宽度。如果用 nn，nn 是整数，单位是像素；如果用 nnpt，nn 是整数，单位是点
ForeColor		Red、Green、Blue 等	前景色（通常是文本颜色）
Font		（见其子属性）	字体。包含多个子属性
Font 子属性	Bold	True、False	粗体。默认值为 False
	Italic	True、False	斜体。默认值为 False
	Name	Arial、宋体、楷体等	字体名称
	Size	Small、Medium、Large 等	字号

续表

属性名称		取　值	说　明
Font 子属性	Strikeout	True、False	删除线。默认值为 False
	Underline	True、False	下划线。默认值为 False
	Overline	True、False	上划线。默认值为 False

控件的可见性由 Visible 属性指定，取值为 True 或者 False，其默认值为 True。如果控件的 Visible 属性设置为 False，则页面不呈现该控件，将 TextBox1 设置为不可见的代码为 TextBox1.Visible = False;。

控件在页面上是否可用由 Enabled 属性指定，Enabled 属性取值为 True 或者 False，默认值为 True。如果设为 False，则控件可见，但显示为灰色，用户不能操作，控件中的内容仍旧可以复制和粘贴。

4.3　动态生成控件

4.2 节的案例中通过从工具箱拖放标准服务器控件到网页上来创建控件，除此之外，还可以在程序运行的过程中动态生成控件。在某些网页应用中，页面上的 ASP.NET 控件需要在运行时通过代码来创建，例如制作查询结果页面时，往往采用表格显示查询结果，一行显示一条信息，表格的行数需要根据查询结果返回的记录数来确定，这样就需要程序动态地为每个返回的结果记录生成表格中的每一行。

若要以编程的方式向网页添加 ASP.NET 控件，首先页面上必须有放置新控件的容器，例如 Panel、PlaceHolder、表、表单等；用代码创建控件的实例并设置其属性后，再将新控件添加到页面上已有容器的控件集合中。

【例 4-8】制作用户建议反馈页面（动态创建控件）。

本案例演示如何在运行时动态创建控件，页面功能与【例 4-7】所制作的页面一样，页面供用户填写建议，用户提交建议后显示感谢信息。本案例采用了不同的实现方法，用户填写建议的页面内容制作与【例 4-7】相同，但用户提交建议后页面显示感谢内容的这一部分内容改为采用编程方式动态向网页添加 Literal 控件的方式实现。

具体步骤如下。

（1）在网站"StudentMIS"中新建网页"Feedback_DC.aspx"，按照【例 4-7】中步骤（2）的操作，制作填写建议部分。

（2）编程动态创建控件显示感谢信息。在 btnSubmit_Click 事件处理中写入以下代码。

```
protected void btnSubmit_Click(object sender, EventArgs e)
{
    if(!string.IsNullOrEmpty(txtSuggestion.Text))   //用户填写了建议
    {
        plContent.Visible = false;                  //填写建议面板隐藏
        Literal litTip = new Literal();             //创建一个 Literal 控件
        litTip.Text = "<br/><div style='text-align: center'>谢谢你的宝贵建议!
```

74

```
</div>";                                    //设置 Literal 控件显示的文本
            form1.Controls.Add(litTip);      //将 Literal 控件添加到网页的 form1 中
    }
}
```

（3）运行网页，用户填写建议单击"提交"按钮后，页面显示结果如图 4-21 所示。

图 4-21　用户提交建议后的界面

Literal 控件用于在网页上显示静态文本，页面上的感谢文字由运行时动态创建的 Literal 控件呈现。它与 Label 控件类似，通过设置 Text 属性指定在控件中显示的文本。Literal 控件与 Label 控件的不同之处在于它不能够设置样式。

4.4　小结

ASP.NET 标准服务器控件主要包括一些窗体控件，它们各具功能用途，如显示文本、显示图像、获取用户输入、单选、多选、链接导航等，由服务器运行处理。在 ASP.NET 语法中，网页上的 Web 服务器控件通过引用 ASP 命名空间的 XML 标记来声明，所有服务器控件都必须包含 runat="server"属性，使用 ID 属性来指定每个控件的标识。标准服务器控件具有一些通用的布局和外观属性，控制诸如字体、背景颜色、高度、宽度等外观样式，同时各类控件也提供了自身独特的属性、方法和事件，开发人员可以在程序中控制这些元素。服务器控件既可以在设计时创建，也可以在运行时编程动态创建到网页中。

第❺章 数据验证

动态网页离不开与用户的交互，往往需要用户在网页上输入某些数据，用户输入的数据是否符合要求将直接影响网站运行的稳定性和有效性。ASP.NET 提供了专门的验证控件来检查用户输入。本章主要介绍 ASP.NET 验证控件，使用这些验证控件可以分别完成不同类型的数据验证。

学习目标

- 了解 ASP.NET 验证控件的工作原理。
- 掌握 RequiredFieldValidator、CompareValidator、RangeValidator 和 RegularExpression Validator 等验证控件的使用。
- 了解 ValidationSummary 控件

5.1　验证控件概述

用户通常需要从网页输入各种信息，如用户注册、个人资料、产品资料等，网页必须首先检查用户输入的信息是否有效，再做数据保存或其他处理，从而确保应用程序能够稳定、安全和有效地运行。ASP.NET 包含了一组验证（Validation）服务器控件，专门用于验证用户输入，它们提供了一种功能强大并且易用的检错方式。如果用户输入没有通过验证，将显示一条错误消息。

ASP.NET 提供了 6 种验证服务器控件，每种验证控件分别针对某种特定的验证类型。表 5-1 列出了 ASP.NET 的验证控件及其使用说明。

表 5-1　ASP.NET 验证控件

控　件	验证类型	说　明
RequiredFieldValidator	必填检查	确保用户必须输入
CompareValidator	比较检查	将用户的输入与一个常数值或另一个控件的值进行比较，或者检查是否是特定的数据类型
RangeValidator	范围检查	检查用户的输入是否在指定的数字对、字母对和日期对限定的范围内
RegularExpressionValidator	模式匹配	检查输入项是否与正则表达式定义的模式匹配，如电子邮件地址、电话号码、邮政编码等正则表达字符序列
CustomValidator	自定义检查	使用自己编写的验证逻辑检查用户输入

续表

控　　件	验证类型	说　　明
ValidationSummary	验证总结	不执行验证，汇总显示来自页面上所有验证控件的错误信息

5.2　验证控件应用

　　向页面添加验证控件的操作就像添加其他服务器控件一样，验证控件添加到页面上经过设置后就会启用对用户输入的验证。验证控件平时在页面中并不可见，只是在用户提交页面并且控件检测到错误后，才显示指定的错误信息文本。对于一个输入控件，可以附加多个验证控件进行检查。例如，使用 RequiredFieldValidator 控件可以确保某个输入控件为必填，同时可以使用 RangeValidator 控件确保用户的输入在指定的数据范围内。当用户单击页面上的按钮或以其他方式向服务器提交页面的时候，服务器将逐个调用页面上的验证控件对用户输入进行检查，如果检测到有任意一个输入存在错误，就显示错误提示，页面将自行设置为无效状态，其他代码中止运行。

5.2.1　RequiredFieldValidator 控件

　　RequiredFieldValidator（必填验证）控件用于检查其关联的输入控件，确保其中必须输入信息。例如，可以使用 RequiredFieldValidator 控件来指定用户在注册页面上必须填写"用户名"文本框。基本语法格式如下。

```
<asp:RequiredFieldValidator ID="控件名称" runat="server"/>
```

　　RequiredFieldValidator 控件的常用属性如下。
- ControlToValidate：被验证的输入控件的 ID。
- Text：验证失败时，验证控件显示的文本。
- ErrorMessage：验证失败时，在验证总结控件中显示的错误消息。
- Display：验证控件显示错误消息的行为方式，取值为 None、Static 和 Dynamic，默认值是 Static。None 表示验证消息从不内联显示；Static 表示在页面布局时静态分配验证消息的显示空间；Dynamic 表示如果验证失败，将显示验证消息的控件动态添加到页面。
- SetFocusOnError：在验证失败时是否将焦点停留在被验证的控件中。

　　【例 5-1】在用户注册页面，检查用户名和密码信息必须填写。

　　本案例演示 RequiredFieldValidator 控件的使用，控件用 ControlToValidate 属性指定需要验证的控件。如果用户名文本框或密码文本框输入为空，则验证失败，页面显示出错提示。

　　具体步骤如下。

　　（1）打开网页"Register.aspx"，在页面上放入 2 个 RequiredFieldValidator 控件，将它们分别放置在用户名输入框和密码输入框的下边，并按照表 5-2 设置其属性。

表 5-2　注册页面必填验证控件属性设置

控　　件	属　　性	值	说　　明
RequiredFieldValidator	ID	ValrName	检查用户名文本框必填

续表

控 件	属 性	值	说 明
RequiredFieldValidator	ControlToValidate	txtName	检查用户名文本框必填
	Display	Dynamic	
	ErrorMessage	用户名必填!	
	Font-Size	Small	
	ForeColor	#FF3300	
	SetFocusOnError	True	
RequiredFieldValidator	ID	ValrPassword1	检查密码文本框必填
	ControlToValidate	txtPassword1	
	Display	Dynamic	
	ErrorMessage	密码必填!	
	Font-Size	Small	
	ForeColor	#FF3300	
	SetFocusOnError	True	

检查用户名文本框的必填验证控件的源代码如下。

```
<asp:RequiredFieldValidator ID="ValrName" runat="server" ControlToValidate=
"txtName" Display="Dynamic" ErrorMessage="用户名必填！" Font-Size="Small"
ForeColor="#FF3300" SetFocusOnError="True"></asp:RequiredFieldValidator>
```

检查密码文本框的必填验证控件的源代码如下。

```
<asp:RequiredFieldValidator ID="ValrPassword1" runat="server" ControlToValidate=
"txtPassword1" Display="Dynamic" ErrorMessage="密码必填！" Font-Size="Small"
ForeColor="#FF3300" SetFocusOnError="True"></asp:RequiredFieldValidator>
```

（2）运行网页。如果用户名文本框或密码文本框中没有输入信息，单击"注册"按钮，页面即会出现红色的提示信息，如图 5-1 所示。

图 5-1　用户名文本框、密码文本框必填验证失败界面

5.2.2 CompareValidator 控件

CompareValidator（比较验证）控件可以使用逻辑运算符，将用户输入与某一个特定值或者另一控件的值来进行比较验证。例如，可以要求用户的输入必须大于某个数值，或者用户输入的日期必须是某个指定日期之前的日期。除此之外，CompareValidator 控件还可以用于数据类型检查，如要求用户输入的数据必须是整数类型。控件的基本语法格式如下。

```
<asp:CompareValidator ID="控件名称" runat="server"/>
```

CompareValidator 控件常用属性如下。

● ControlToValidate：被验证的输入控件的 ID。

● ValueToCompare：用于比较的常数值。

● ControlToCompare：用于比较的另一个控件的 ID。

● Type：进行比较的两个值的数据类型，包括 String、Integer、Double、Date 和 Currency 类型，默认值为 String。

● Operator：比较使用的运算符，包括 Equal（等于）、NotEqual（不等于）、GreaterThan（大于）、GreaterThanEqual（大于或等于）、LessThan（小于）、LessThanEqual（小于或等于）、DataTypeCheck（数据类型检查），默认值为 Equal。

● Text：验证失败时，验证控件中显示的文本。

● ErrorMessage：验证失败时，在验证总结控件中显示的错误消息。

● Display：验证控件显示错误消息的行为方式。

● SetFocusOnError：在验证失败时是否将焦点停留在被验证的控件中。

如果 CompareValidator 控件同时设置了 ValueToCompare 和 ControlToCompare 属性，则 ControlToCompare 属性优先。

【例 5-2】在注册页面上检查用户两次输入的密码是否一致。

本案例介绍了 CompareValidator 控件的使用，注册页面要求用户输入密码两次，并且输入内容必须一致，使用 CompareValidator 控件检查两个密码框中输入的信息按照字符串类型比较是否相等。如果两者不相等，则验证失败。

具体步骤如下。

（1）打开用户注册页面"Register.aspx"，在"再次输入密码"文本框的下边放入 1 个 CompareValidator 控件，并按照表 5-3 设置其属性。

表 5-3　注册页面比较验证控件属性设置

控　件	属　性	值	说　明
CompareValidator	ID	valcPassword2	检查两个密码文本框的输入内容必须一致
	ControlToValidate	txtPassword2	
	ControlToCompare	txtPassword1	
	Operator	Equal	
	Type	String	
	Display	Dynamic	

ASP.NET 动态 Web 开发技术

续表

控 件	属 性	值	说 明
CompareValidator	ErrorMessage	两次密码输入必须一致!	检查两个密码文本框的输入内容必须一致
	Font-Size	Small	
	ForeColor	#FF3300	
	SetFocusOnError	True	

比较验证控件的源代码如下。

```
<asp:CompareValidator ID="valcPassword2" runat="server" ErrorMessage="两
次密码输入必须一致!" ControlToCompare="txtPassword1" ControlToValidate="txtPassword2"
Display="Dynamic" Font-Size="Small" ForeColor="#FF3300" SetFocusOnError="True">
</asp:CompareValidator>
```

（2）运行网页。如果用户在两个密码文本框中输入的信息不一致，单击"注册"按钮，页面会出现图 5-2 所示的提示信息。

本案例演示了输入控件与另一个控件的值的比较验证，如果要将输入控件中的值与一个指定的常数值进行比较，则设置 CompareValidator 控件的 ValueToCompare 属性值为该常数值。如果需要使用 CompareValidator 控件来检查用户的输入是否是某种指定的数据类型，如整数、日期等，则须将 CompareValidator 控件的 Type 属性值设置为指定的

图 5-2 密码文本框比较验证失败界面

数据类型，如 Integer、Date 等，同时将 Operator 属性设置为 DataTypeCheck。

需要注意的是，对于比较验证控件，如果被检测控件的用户输入为空，则输入控件会正确通过验证，若要强制用户输入值，就需要另外添加一个 RequiredFieldValidator 控件来确保用户一定输入数据。后文将介绍的范围验证控件和模式验证控件也具有这一特点。

5.2.3 RangeValidator 控件

RangeValidator（范围验证）控件用来验证用户输入是否在特定的取值范围内，例如，用户输入的某个日期是否介于指定的两个日期之间，或者用户输入的数字是否介于指定的两个数字之间。基本语法格式如下。

```
<asp:RangeValidator ID="控件名称" runat="server"/>
```

RangeValidator 控件常用属性如下。

● ControlToValidate：被验证的输入控件的 ID。

● MinimumValue：取值范围的下限值。

● MaximumValue：取值范围的上限值。

● Type：验证的数据类型，包括 String、Integer、Double、Date 和 Currency 类型，默认值为 String。

- Text：验证失败时，验证控件中显示的文本。
- ErrorMessage：验证失败时，在验证总结控件中显示的错误消息。
- Display：验证控件显示错误消息的行为方式。
- SetFocusOnError：在验证失败时是否将焦点停留在被验证的控件中。

【例 5-3】在个人信息页面增加出生日期信息，要求用户输入的日期必须介于"1900-1-1"和"2000-1-1"之间。

本案例介绍了 RangeValidator 控件的使用，将 RangeValidator 控件的 MaximumValue、MaximumValue 属性的值分别设置为取值范围的上限"2000-1-1"和下限"1900-1-1"，同时指定控件验证的数据类型为 Date。如果用户输入的数据无法转换为指定的数据类型 Date，或者输入的日期超出了范围，则验证失败。

具体步骤如下。

（1）在个人信息页面"PersonalInfo.aspx"的表格中新增一行，放入 1 个 TextBox 控件和 1 个 RangeValidator 控件，并按照表 5-4 设置它们的属性。

表 5-4 个人信息页范围验证控件属性设置

控 件	属 性	值	说 明
TextBox	ID	txtBirthDay	出生日期文本框
RangeValidator	ID	valgBirthday	检查出生日期文本框的输入数据是否在指定范围内
	ControlToValidate	txtBirthDay	
	MaximumValue	2010-1-1	
	MinimumValue	1900-1-1	
	Type	Date	
	Display	Dynamic	
	ErrorMessage	所输日期必须在 1900-1-1 到 2010-1-1 范围之内	
	Font-Size	Small	
	ForeColor	#FF3300	
	SetFocusOnError	True	

控件的源代码如下。

```
<asp:TextBox ID="txtBirthDay" runat="server"></asp:TextBox><br/>
<asp:RangeValidator ID="valgBirthday" runat="server" Display="Dynamic"
ErrorMessage="所输日期必须在'1900-1-1'到'2010-1-1'范围之内" Font-Size="Small"
ForeColor="#FF3300" ControlToValidate="txtBirthDay" MaximumValue="2010-1-1"
MinimumValue="1900-1-1" SetFocusOnError="True" Type="Date"></asp:RangeValidator>
```

（2）运行网页。如果用户在出生日期文本框中输入的数据不是日期类型，或者输入的日期不在指定的日期之间，单击"确定"按钮，页面会出现图 5-3 所示的错误信息。

图 5-3 出生日期文本框范围验证失败界面

5.2.4 RegularExpressionValidator 控件

RegularExpressionValidator（模式验证）控件可以检查用户的输入是否符合要求的字符串模式，例如电话号码、邮政编码、电子邮件地址等。字符串模式需要使用正则表达式来描述，Visual Studio 预定义了一些常用模式的正则表达式，如电话号码、邮政编码等，开发人员可以从 RegularExpressionValidator 控件提供的预定义模式中直接选用。

基本语法格式如下。

```
<asp:RegularExpressionValidator ID="控件名称" runat="server"/>
```

RegularExpressionValidator 控件常用属性如下。

- ControlToValidate：被验证的输入控件的 ID。
- ValidationExpression：验证模式的正则表达式。
- Text：验证失败时，验证控件中显示的文本。
- ErrorMessage：验证失败时，在验证总结控件中显示的错误消息。
- Display：验证控件显示错误消息的行为方式。
- SetFocusOnError：在验证失败时是否将焦点停留在被验证的控件中。

【例 5-4】在个人信息页面增加电子邮件信息，并检查用户输入的邮件地址是否有效。

本案例介绍了 RegularExpressionValidator 控件的使用，将控件的 ValidationExpression 属性设置为电子邮件地址的正则表达式，确保用户输入符合这一模式。电子邮件地址的正则表达式是 RegularExpressionValidator 控件的一种预定义模式，可以在属性面板中选取使用。如果用户输入的数据不能与电子邮件地址的正则表达式匹配，则验证失败。

具体步骤如下。

（1）在个人信息页面"PersonalInfo.aspx"的表格中新增一行，放入 1 个 TextBox 控件和 1 个 RegularExpressionValidator 控件，并按照表 5-5 设置它们的属性。

表 5-5   个人信息页模式验证控件属性设置

控 件	属 性	值	说 明
TextBox	ID	txtEmail	电子邮件文本框
RegularExpressionValidator	ID	valeEmail	检查电子邮件文本框的输入是否符合电子邮件地址模式
	ControlToValidate	txtEmail	
	ValidationExpression	\w+([-+.']\w+)*@\w+([-.]\w+)*\.\w+([-.]\w+)*	
	Display	Dynamic	
	ErrorMessage	请输入正确的 Email 地址！	
	Font-Size	Small	
	ForeColor	#FF3300	
	SetFocusOnError	True	

控件的源代码如下。

```
<asp:TextBox ID="txtEmail" runat="server"></asp:TextBox><br/>
<asp:RegularExpressionValidator ID="valeEmail" runat="server" Display=
"Dynamic" ErrorMessage="请输入正确的 Email 地址！" Font-Size="Small"
ForeColor="#FF3300" ControlToValidate="txtEmail" SetFocusOnError="True"Validation
Expression="\w+([-+.']\w+)*@\w+([-.]\w+)*\.\w+([-.]\w+)*"></asp:RegularExpr
essionValidator>
```

（2）运行网页。如果用户在电子邮件文本框中输入的数据不能匹配电子邮件地址模式，单击"确定"按钮，页面会出现图 5-4 所示的错误信息。

图 5-4   电子邮件文本框模式验证失败界面

5.2.5　ValidationSummary 控件

ValidationSummary（验证摘要）控件不执行验证，而是用于显示验证的错误信息，它在某一个位置集中显示来自网页中的所有验证错误的摘要，显示的位置可以是网页、消息框，或者在这两者中同时显示。

基本语法格式如下。

```
<asp:ValidationSummary ID="控件名称" runat="server"/>
```

ValidationSummary 控件常用属性如下。

● DisplayMode：验证摘要的显示格式，取值为 List、BulletList 和 SingleParagraph，默认值是 BulletList。List 表示列表，BulletList 表示项目符号列表，SingleParagraph 表示段落。

● ShowMessageBox：是否在消息框中显示验证摘要，取值为 True 或 False，默认值为 False。

● ShowSummary：是否在网页上显示验证摘要，取值为 True 或 False，默认值为 True。

如果 ShowMessageBox 和 ShowSummary 属性都设置为 True，则在消息框和网页上都显示验证摘要。

【例 5-5】在个人信息页面显示验证摘要。

本案例演示 ValidationSummary 控件的使用，如果页面存在用户输入验证失败，则用验证摘要显示错误信息，以项目符号列表的格式显示。

具体步骤如下。

（1）在个人信息网页"PersonalInfo.aspx"的标题文字"个人信息"下方放入 1 个 ValidationSummary 控件，按照表 5-6 所示设置 ValidationSummary 控件和页面原有验证控件的相关属性。

表 5-6　个人信息页验证摘要控件属性设置

控　件	属　性	值	说　明
ValidationSummary	ID	ValSum	显示验证摘要
	DisplayMode	BulletList	
	ShowSummary	True	
	ShowMessageBox	False	
	ForeColor	#FF3300	
	Font-Size	Small	
RangeValidator	Text	*	出生日期范围验证控件
RegularExpressionValidator	Text	*	电子邮件模式验证控件

出生日期范围验证控件和电子邮件模式验证控件的 Text 属性都设置为*，当页面上使用了 ValidationSummary 控件时，它们的 ErrorMessage 属性所设置的错误信息将显示在 ValidationSummary 控件中，而验证控件本身将显示 Text 属性指定的内容。

ValidationSummary 控件的源代码如下。

```
    <asp:ValidationSummary   ID="ValSum"   runat="server"   Font-Size="Small"
ForeColor="#FF3300"ShowSummary="True" ShowMessageBox="False" />
```

（2）运行网页，单击"确定"按钮，如果存在验证失败，页面的上部将出现验证摘要，如图 5-5 所示。

图 5-5　使用验证摘要控件

5.3　小结

　　ASP.NET 网页中的用户输入可以使用验证控件来进行检查，针对几种常用的验证类型，例如必填、比较、范围和模式验证，ASP.NET 提供了相应的验证控件，易于使用。开发人员只需将它们放入页面，然后设置属性，就可以执行验证操作。此外，通过使用 CustomValidator 控件，开发人员也可以编写自定义的验证代码来测试页面或者某个控件的状态。如果需要对一个输入控件同时检查多个条件，可以使用多个验证控件关联到该控件，用户输入的数据必须通过所有验证才能视为有效。当页面按钮被单击时，将会默认执行验证，如果需要在某个按钮控件被单击时不执行验证操作，就需将它的 CausesValidation 属性设置为 False。

　　若输入控件验证失败将会显示错误信息，既可以让每个验证控件单独就地显示一条错误信息，也可以将页面的验证错误集中显示在页面上的一个位置。如果将这两种方法同时使用，则通常在验证控件本地显示简短的错误信息，在摘要中显示更为详细的信息。

第 6 章 ASP.NET 状态管理

ASP.NET 提供了多种状态管理技术，用以传递或保存某些网页信息，分为基于客户端和基于服务器端的两大类。本章介绍了状态管理的概念、ASP.NET 网页中最常用的 4 种状态管理技术以及运用这些技术来实现网页的特定功能。

学习目标

- 了解 ASP.NET 状态管理的概念。
- 掌握几种常用的状态管理技术，包括查询字符串 QueryString、Cookie、会话状态 Session 和应用程序状态 Application 的使用。
- 综合应用 ASP.NET 状态管理技术实现页面功能，显示网站在线人数和当前用户在线时间。

6.1 ASP.NET 状态管理概述

状态管理是在一个网页或者不同网页的多个访问请求中，维护网页状态和信息的过程。在传统的 Web 编程中，网页每次从浏览器或者客户端设备发送到服务器时，都会创建一个网页类的新实例，在这个往返过程中，网页及其控件关联的所有信息都会丢失。为了解决这一问题，ASP.NET 提供了多种方式来维护状态，它们可以实现按页保留数据，或者在整个应用程序范围内保留数据，包括视图状态（ViewState）、控件状态（ControlState）、隐藏域（HiddenField）、Cookie、查询字符串（QueryString）、应用程序状态（Application）、会话状态（Session）和配置文件属性（Profile）。上述每种状态管理方法都有各自不同的优点和缺点，在选用时需要依据 Web 应用的具体方案要求来决定。

根据信息存储的位置和主要工作对象来看，状态管理可以划分为两大类，它们是基于客户端的状态管理和基于服务器端的状态管理。

6.1.1 基于客户端的状态管理

基于客户端的状态管理主要在页中或客户端计算机上存储信息，网页的各个往返过程间不需要在服务器上维护任何信息，存储页信息也不使用服务器资源。ASP.NET 支持的基于客户端的状态管理方式包括视图状态、控件状态、隐藏域、Cookie 和查询字符串，它们会以不同的方式将数据存储到客户端上。

基于客户端的状态管理方式安全性往往很低，但具有较高的服务器性能，它们对服务器资源的要求是适度的，由于必须将信息发送到客户端来进行存储，所以在可存储信息的容量方面受到一定的客观限制。

6.1.2　基于服务器端的状态管理

ASP.NET 还提供了多种基于服务器端的状态管理方式，它们将信息存储到服务器内存中，而不是保持在客户端上。基于服务器的状态管理可以减少发送给客户端的信息量，但需要使用服务器上的高成本的资源。ASP.NET 支持的服务器端状态管理的方式包括应用程序状态、会话状态、配置文件属性以及数据库支持。

将页信息存储在服务器端往往比存储在客户端具有更高的安全性，但它们会使用更多的 Web 服务器资源，在信息存储量较大时可能会导致一些服务器伸缩性方面的问题。

6.2　状态管理技术应用

6.2.1　查询字符串

使用查询字符串可以很方便地将信息从一个网页传送到另一个网页，它通过在跳转页面的 URL 地址的后面附加数据来传送信息。具体语法格式如下。

```
URL?属性 1=值 1&属性 2=值 2
```

查询字符串紧接 URL 地址之后以问号?开始，包含一个或多个属性/值对，如果有多个属性/值对，它们中间用&符号连接。

如下是一个典型的查询字符串示例。

```
http://stuMis/default.aspx?account=张三&news=1
```

在示例的 URL 路径中，问号?后的内容就是查询字符串，包含两个属性/值对，一个名为 "account"；另一个名为 "news"，它们的值分别是 "张三" 和 "1"。

在请求 URL 的页面上，可以读取查询字符串传递来的信息，读取格式如下。

```
Request.QueryString["属性"]
```

例如，对于前述查询字符串示例，使用 Request.QueryString["account"] 和 Request.QueryString["news"]，就可以分别读取 account 属性和 news 属性传递过来的值，得到数据 "张三" 和 "1"。

【例 6-1】改进用户注册、个人信息页面。用户注册成功后，网页自动跳转到个人信息页面，并在个人信息页面显示用户的注册信息。

本案例演示如何使用查询字符串在页面之间传递信息，当从用户注册页面跳转到个人信息页面时，使用 URL 传递用户名和密码两个信息项，个人信息页先判断是否存在用户名查询字符串信息，如果有，则读取并显示两个信息项。

具体步骤如下。

（1）注册页传递信息。打开用户注册网页文件 "Register.aspx"，在其后台代码文件的 btnSubmit_Click 事件处理中添加如下代码。

```
protected void btnSubmit_Click(object sender, EventArgs e)
{
    …
    else          //注册成功
```

```
    {
        string Url = "PersonalInfo.aspx?uname=" + txtName.Text + "&pwd="+
txtPassword1.Text;                    //设置跳转页面的路径以及传送用户名和密码两项信息
        Response.Redirect(Url); //页面跳转
    }
}
```

（2）个人信息页面读取并显示用户注册信息。在个人信息网页"PersonalInfo.aspx"的标题文字"个人信息"下，放入 1 个 Label 控件，将其属性 ID 设置为 lblMsg，Text 为空；在其后台代码文件的 Page_Load 事件处理中添加如下代码。

```
protected void Page_Load(object sender, EventArgs e)
{
    if (Request.QueryString["uname"] != null)
    {
        lblMsg.Text = "你注册的用户名是: " + Request.QueryString["uname"] + ";
密码是: " + Request.QueryString["pwd"];        //读取查询字符串传递的用户名和密码信息
    }
    …
}
```

（3）运行网页。如图 6-1 所示，用户在注册页面输入用户名和密码后，单击"注册"按钮，页面自动跳转到个人信息页面，显示用户注册信息，如图 6-2 所示。

图 6-1　用户注册页面　　　　　　　　　　图 6-2　个人信息页面

查询字符串提供了一种基于客户端的状态管理方式，它将信息与 URL 一起传递来维护状态信息，不需要任何服务器资源，通常在将少量信息从一页传输到另一页并且不存在安全性问题的时候使用。这种方法实现很简单，几乎所有浏览器和客户端设备都支持。但它在使用上有容量限制，大多数浏览器和客户端设备会将 URL 的最大长度限制为 2083 个字符。此外，用户可以通过浏览器的用户界面直接看到查询字符串中的信息，传递的信息也可能会被恶意用户篡改，具有潜在的安全性风险，所以不要用它来传递重要的或敏感的数据。

6.2.2　Cookie

　　Cookie 是一种基于客户端的状态管理方式，它将少量的数据存储在客户端文件系统的文本文件中，或者存储在客户端浏览器会话的内存中，当浏览器请求某页时，客户端会将 Cookie 中的信息连同请求信息一起发送，服务器可以读取 Cookie 并提取它的值。Cookie 可以设置为临时保存，具有特定的过期时间；也可以是永久保留的，具体的语法格式如下。

1.　创建 Cookie

```
Response.Cookies["名称"].Value=值;
Response.Cookies["名称"].Expires=日期;
```

在一个 Cookie 中可以保存多个值，创建一个带子键的 Cookie，语法如下。

```
Response.Cookies["名称"]["子键1"].Value=值;
Response.Cookies["名称"]["子键2"].Value=值;
Response.Cookies["名称"].Expires=日期;
```

　　创建 Cookie 的时候必须指定 Cookie 的值和有效期，Cookie 使用 Value 属性指定值，使用 Expires 属性指定到期时间。如果不设置失效时间，Cookie 信息不会写到用户硬盘，浏览器关闭时将会被丢弃。

2.　读取 Cookie

```
Request.Cookies["名称"].Value
```

3.　读取多值 Cookie

```
Request.Cookies["名称"]["子键1"];
Request.Cookies["名称"]["子键2"];
```

　　如果需要删除某一个 Cookie，将它的有效期设置为过去的某个日期即可，浏览器会自动检查并删除已过期的 Cookie。

　　【例6-2】制作登录页面。若用户成功登录过系统，再次在本机进入登录页时，页面会自动填入用户名信息。

　　本案例演示如何写入和读取 Cookie 变量。登录成功时，页面跳转到主页，同时用 Cookie 在客户端电脑保存用户输入的用户名，有效期为 30 天；30 天内用户再次登录系统时，登录页首先判断是否存在用户名 Cookie 信息，如果存在，则读取 Cookie 值并显示在用户名文本框中。

　　本案例设定的登录规则是：用户名任意，密码是用户名加上"123"。具体步骤如下。

　　（1）在"StudentMIS"网站新建登录页"SignIn.aspx"，制作界面如图 6-3 所示，在表格的各单元格中分别输入文字，放入 2 个 TextBox 控件、2 个 RequiredFieldValidator 控件、1 个 Button 和 1 个 Label 控件。按照表 6-1 设置各

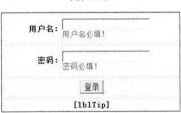

图6-3　用户登录界面

个控件的属性。

表 6-1 用户登录页控件属性设置

控 件	属 性	值	说 明
TextBox	ID	txtName	输入用户名
TextBox	ID	txtPassword	输入密码
	TextMode	Password	
RequiredFieldValidator	ID	ValrName	检查用户名文本框必填
	ControlToValidate	txtName	
	Display	Dynamic	
	ErrorMessage	用户名必填!	
	Font-Size	Small	
	ForeColor	#FF3300	
	SetFocusOnError	True	
RequiredFieldValidator	ID	ValrPassword	检查密码文本框必填
	ControlToValidate	txtPassword	
	Display	Dynamic	
	ErrorMessage	密码必填!	
	Font-Size	Small	
	ForeColor	#FF3300	
	SetFocusOnError	True	
Button	ID	btnSubmit	登录按钮
	Text	登录	
Label	ID	lblTip	显示页面提示信息
	Text	（空）	

页面源代码如下。

```
<%@ Page Language="C#" AutoEventWireup="true" CodeFile="SignIn.aspx.cs"
Inherits="SignIn" %>
<!DOCTYPE html>
<html xmlns="http://www.w3.org/1999/xhtml">
<head runat="server">
    <meta http-equiv="Content-Type" content="text/html; charset=utf-8"/>
    <title></title>
    <style type="text/css">
```

```
          .auto-style1 {width: 300px; height: 160px; border: 1px solid #000066;}
      </style>
   </head>
   <body>
   <form id="form1" runat="server">
      <div><p style="text-align: center"><strong>用户登录</strong></p></div>
      <table align="center" cellpadding="0" cellspacing="0" class="auto-style1">
      <tr>
         <td style="font-size: small; font-weight: bold; vertical-align:
middle; text-align: right; width: 100px;">用户名: </td>
         <td>
             <asp:TextBox ID="txtName" runat="server"></asp:TextBox><br />
             <asp:RequiredFieldValidator ID="ValrName" runat="server" Control
ToValidate="txtName" Display="Dynamic" ErrorMessage="用户名必填! " Font-
Size="Small" ForeColor="#FF3300" SetFocusOnError="True"></asp:RequiredField
Validator>
         </td>
      </tr>
      <tr>
         <td style="font-size: small; font-weight: bold; vertical-align:
middle; text-align: right; width: 100px;">密码: </td>
         <td>
             <asp:TextBox    ID="txtPassword"    runat="server"    TextMode=
"Password"></asp:TextBox><br />
             <asp:RequiredFieldValidator  ID="ValrPassword"  runat="server"
ControlToValidate="txtPassword" Display="Dynamic" ErrorMessage="密码必填! "
Font-Size="Small" ForeColor="#FF3300" SetFocusOnError="True"></asp:Required
FieldValidator>
         </td>
      </tr>
      <tr>
         <td style="font-size: small; font-weight: bold; vertical-align:
middle; text-align: center; " colspan="2">
             <asp:Button ID="btnSubmit" runat="server" Text="登录" OnClick=
"btnSubmit_Click" />
         </td>
      </tr>
      <tr>
         <td style="font-size: small; font-weight: bold; vertical-align:
```

```
middle; text-align: center; " colspan="2">
            <asp:Label ID="lblTip" runat="server"></asp:Label><br/>
        </td>
    </tr>
    </table>
</form>
</body>
</html>
```

（2）实现登录功能。双击登录按钮打开代码文件，输入 btnSubmit_Click 事件处理代码如下。

```
protected void btnSubmit_Click(object sender, EventArgs e)
{
    if (txtPassword.Text == txtName.Text + "123")        //登录成功
    {
        Response.Cookies["uname"].Value = txtName.Text;//Cookie 保存用户名
        Response.Cookies["uname"].Expires=DateTime.Now.AddDays(30);
                                                    //有效期 30 天
        Response.Redirect("~/Default.aspx");        //跳转至主页
    }
    else                                            //登录失败
    {
        lblTip.Text = "用户名或密码错误! ";
        txtName.Focus();
    }
}
```

登录成功时，上述代码会先用 Cookie 保存用户名信息，再进行页面跳转。

（3）实现自动显示用户名功能。在代码文件中输入 Page_Load 事件处理代码如下。

```
protected void Page_Load(object sender, EventArgs e)
{
    if (!IsPostBack)
    {
        if (Request.Cookies["uname"] != null)
            txtName.Text = Request.Cookies["uname"].Value; //读取并显示用户名
    }
}
```

注意，程序在读取某个 Cookie 值之前，必须先判断该 Cookie 对象是否已经存在，如果 Cookie 不存在而直接读取，将会导致系统错误。

（4）新建主页 "Default.aspx"，在页面上部输入标题文字 "学生信息管理系统主页"。

（5）运行登录页面。输入用户名"Test"、密码"Test123"，单击"登录"按钮，页面将跳转到主页。再次访问登录页面时，可以看到用户名文本框中已经自动填入了上次成功登录过的用户名 Test，如图 6-4 所示。

Cookie 为 Web 应用程序提供了一种存储用户特定信息的方法，它用于在客户端上存储少量而且可能经常需要更改的信息，是一种基于文本的轻量结构，其中包含简单的键值对，可以设置到期规则。但是，恶意用户可以通过多

图 6-4　用户登录页面

种方法访问 Cookie 并读取或篡改其中的内容，所以建议不要将敏感信息存储在 Cookie 中。此外，如果用户在浏览器或客户端设备禁用 Cookie，将会限制网页读写 Cookie 这一功能。Cookie 通常用于在客户端存储不存在安全性问题的少量信息。

6.2.3　会话状态

用户用浏览器访问某个网站时，从开始发出请求到结束本次访问所经过的时间，称为一次会话，会话状态是指在该会话持续期间所保留的变量的值。会话状态变量存储了特定用户的会话属性及配置信息，由服务器进行管理。每一个不同的用户，有各自不同的会话状态，当用户在 Web 应用程序的网页之间跳转时，存储在会话状态变量中的变量不会丢失，而是在整个用户会话中一直存在。会话状态变量采用键/值字典的结构来存储信息，具体的语法格式如下。

1. 写入会话状态变量

```
Session["名称"]=值;
```

2. 读取会话状态变量

```
Session["名称"]
```

如果页面处于活动状态，会话状态的所有信息都会一直保持。默认情况下，页面在 20 分钟内没有任何提交活动时会话状态就会失效，也可以根据 Web 应用的需要使用 TimeOut 属性来指定会话状态失效时间，语法如下。

```
Session.TimeOut=数值;
```

其中的数值以分钟为单位。

3. 清除会话状态

```
Session.abandon();
```

【例 6-3】用户登录进入主页后，在主页上显示用户名。

本案例演示会话状态变量的写入和读取。用户登录成功时，使用会话状态变量保存用户信息。主页运行时先判断是否存在用户名的会话状态信息，若有，则读取并显示。

具体步骤如下。

（1）登录页保存用户名信息。打开用户登录网页文件"SignIn.aspx"，在其后台代码文件的 btnSubmit_Click 事件处理中添加如下代码。

```
protected void btnSubmit_Click(object sender, EventArgs e)
```

```
    {
        if (txtPassword.Text == txtName.Text + "123")  //登录成功
        {
            Session["uname"] = txtName.Text;                //Session 对象保存用户名
            …
        }
        …
    }
```

（2）主页显示用户名。打开主页文件"Default.aspx"，在页面放入一个 Label 控件，设置属性 ID 为 lblUname，Text 为空；在后台代码文件 Page_Load 事件处理中添加如下代码。

```
protected void Page_Load(object sender, EventArgs e)
{
    if (Session["uname"] != null)  //如果用户已经登录
    lblUname.Text="当前用户: "+Session["uname"].ToString(); //读取并显示用户名
}
```

（3）运行网页。如果不经登录直接访问主页，主页不会显示用户名，经登录后进入主页，才会显示用户名信息，如图 6-5 所示。

会话状态是一种基于服务器端的状态管理方式，实现简单，易于使用，安全性高。但是，如果用会话状态存储了大量信息，则可能会因为占用大量服务器资源而降低服务器性能，所以会话状态对象适于存储特定于单独会话的、短期的、敏感的少量数据。

图 6-5 主页显示用户名信息

6.2.4 应用程序状态

应用程序状态是一种全局存储机制，它将数据存储在一个键/值字典中，由服务器来管理，一个 Web 应用程序中的所有页面都可以访问。具体的语法格式如下。

1. 写入应用程序状态变量

```
Application["名称"]=值;
```

2. 读取应用程序状态变量

```
Application["名称"]
```

应用程序状态变量可以同时被多个用户访问，所以为了防止产生无效数据，在写入应用程序状态变量的值前，必须先使用 Lock()方法进行锁定。写完后再用 UnLock()方法取消锁定，释放应用程序状态以供其他写入请求使用。下面的代码演示了如何对应用程序状态变量锁定和取消锁定。

```
Application.Lock();
Application["Num"]=(int)Application["Num"]+1;
Application.UnLock();
```

该代码先锁定应用程序状态变量，然后将 Num 变量值增加 1，最后取消锁定。

应用程序状态变量实际上是 ASP.NET 应用程序的全局变量，它应用于所有用户和会话，需要占用服务器内存，可能会影响服务器的性能和应用程序的可伸缩性。因此，应用程序状态变量用于存储那些由多个用户共享使用并且不经常更改的少量常用数据。

6.3 实践演练

下面综合运用前面所学的几种状态管理技术完成一个综合的实例练习。

【例 6-4】统计一个网站的在线人数和当前用户的在线时间，并显示在主页上。

6.3.1 问题分析

完成本案例所提出的任务，需要一些知识准备。

（1）统计网站的在线人数和当前用户的在线时间，需要使用会话状态和应用程序状态的启动和结束事件，在其中加入相应的处理代码。ASP.NET 提供了全局应用程序类文件 global.asax，其中提供了 Application_Start、Application_End、Session_Start、Session_End 等事件处理过程的框架，如下。

```
<%@ Application Language="C#" %>
<script runat="server">
void Application_Start(object sender, EventArgs e)
{
    //在应用程序启动时运行的代码
}
void Application_End(object sender, EventArgs e)
{
    //在应用程序关闭时运行的代码
}
void Application_Error(object sender, EventArgs e)
{
    //在出现未处理的错误时运行的代码
}
void Session_Start(object sender, EventArgs e)
{
    //在新会话启动时运行的代码
}
void Session_End(object sender, EventArgs e)
{
    //在会话结束时运行的代码。
    //注意:只有在 Web.config 文件中的 sessionstate 模式设置为
    //InProc 时，才会引发 Session_End 事件。如果会话模式
    //设置为 StateServer 或 SQLServer，则不会引发该事件
```

```
    }
    </script>
```

（2）页面需要不断刷新在线人数和在线时间，本案例采用 AJAX 技术实现页面局部刷新，ASP.NET 提供了一组 AJAX 扩展控件，包括 ScriptManager、UpdatePanel、Timer 等，使用这些控件可以快速地实现页面局部刷新。其中，ScriptManager 控件负责管理支持 AJAX 的 ASP.NET 页的客户端脚本，它必须放置在页面的最前面；UpdatePanel 控件指定页面中能够刷新的部分；Timer 控件按定义的时间间隔执行部分页面更新。

6.3.2　编程实现

具体步骤如下。

（1）打开"StudentMIS"网站，在"解决方案资源管理器"中右击网站名称，选择"添加"→"添加新项"命令，选择"全局应用程序类"模板，创建全局应用程序类文件 global.asax。

（2）在 global.asax 文件的 Application_Start、Session_Start、Session_End 事件处理中，添加以下代码：

```csharp
void Application_Start(object sender, EventArgs e)
{
    //在应用程序启动时运行的代码
    Application["OnlineNum"] = 0;                    //在线人数初始值为 0
}
void Application_End(object sender, EventArgs e)
{
    //在应用程序关闭时运行的代码
}
void Application_Error(object sender, EventArgs e)
{
    //在出现未处理的错误时运行的代码
}
void Session_Start(object sender, EventArgs e)
{
    //在新会话启动时运行的代码
    Application.Lock();
    Application["OnlineNum"] = (int)Application["OnlineNum"] + 1;
                                                //启动一个新会话，在线人数加 1
    Application.UnLock();
    Session["StartTime"] = DateTime.Now;        //保存新会话建立的初始时间
}
void Session_End(object sender, EventArgs e)
{
    //在会话结束时运行的代码。
```

```
//注意:只有在 Web.config 文件中的 sessionstate 模式设置为
//InProc 时，才会引发 Session_End 事件。如果会话模式
//设置为 StateServer 或 SQLServer，则不会引发该事件
Application.Lock();
Application["OnlineNum"] = (int)Application["OnlineNum"] - 1;    //结
束一个会话，在线人数减 1
Application.UnLock();
}
```

（3）打开主页 Default.aspx 文件，在页面放入 1 个 ScriptManager 控件、1 个 UpdatePanel 控件，在 UpdatePanel 控件中输入文字并放入 1 个 Timer 控件、2 个 Label 控件，界面布局如图 6-6 所示。然后按照表 6-2 设置各个控件的属性。

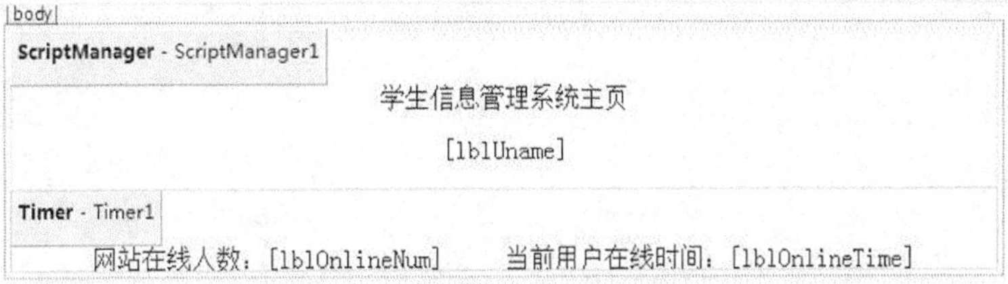

图 6-6　主页网页元素与控件

表 6-2　主页控件属性设置

控　件	属　性	值	说　明
ScriptManager	ID	ScriptManager1	管理页面局部刷新
UpdatePanel	ID	UpdatePanel1	局部刷新的页面内容面板
Timer	ID	Timer1	定时执行页面刷新，时间间隔为 10000 毫秒（10 秒）
	Interval	10000	
Label	ID	lblOnlineNum	显示网站在线人数
	Text	（空）	
Label	ID	lblOnlineTime	显示用户在线时间
	Text	（空）	

页面的源代码如下。

```
<html xmlns="http://www.w3.org/1999/xhtml">
<head runat="server">
    <meta http-equiv="Content-Type" content="text/html; charset=utf-8"/>
    <title></title>
</head>
<body>
<form id="form1" runat="server">
```

```
    <asp:ScriptManager  ID="ScriptManager1"  runat="server"></asp:Script
Manager>
    <div style="text-align: center;">学生信息管理系统主页<br /><br />
        <asp:Label ID="lblUname" runat="server"></asp:Label><br /><br />
        <asp:UpdatePanel ID="UpdatePanel1" runat="server">
        <ContentTemplate>
            <asp:Timer ID="Timer1" runat="server" Interval="10000"></asp:
Timer>
    网站在线人数：<asp:Label ID="lblOnlineNum" runat="server" Text=""> </asp:
Label>  
            当前用户在线时间：<asp:Label ID="lblOnlineTime" runat="server"
Text=""></asp:Label>
        </ContentTemplate>
        </asp:UpdatePanel>
    </div>
</form>
</body>
</html>
```

（4）在后台代码文件 Page_Load 事件处理中添加如下代码。

```
protected void Page_Load(object sender, EventArgs e)
{
    ...
    lblOnlineNum.Text = Application["OnlineNum"].ToString(); //网站在线人数
    Session["NowTime"] = DateTime.Now;                       //记录当前时间
    Session["OnlineTime"]   =   (int)((DateTime)Session["NowTime"]   -
(DateTime)Session["StartTime"]).TotalSeconds;                //计算在线时间
    lblOnlineTime.Text = Session["OnlineTime"].ToString(); //用户在线时间
}
```

（5）运行网页，页面将显示网站在线人数和用户在线时间，如图 6-7 所示。数据每 10 秒更新 1 次。

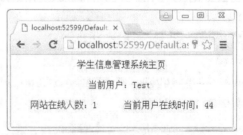

图 6-7　显示在线人数和用户在线时间

6.4　小结

　　本章介绍了 ASP.NET 提供的几种最常用的状态管理方式，包括查询字符串、Cookie、会话状态和应用程序状态。其中，查询字符串和 Cookie 主要基于客户端实现，安全性低；查询字符串在页面跳转时从一个页面传递少量信息到下一个页面，Cookie 则将信息存储在用户的客户端。会话状态和应用程序状态都是由服务器保存和管理的，会话状态保存的是针对各个用户的某次访问期间的信息，而应用程序状态保存的是所有用户共享的全局信息。这几种状态管理方式各有特点，适用于不同的情况，在实际开发中需要根据项目实际情况合理选用。

第 7 章 母版页和主题

制作网站除了必须考虑实现功能需求以外，页面美观、具有良好的用户交互性也是需要考虑的非常重要的方面，一个赏心悦目的网站将吸引更多的用户访问。本章所介绍的母版页和主题技术是 ASP.NET 中高效实现网站美观统一的技术。

学习目标

- 了解 ASP.NET 母版页、主题与外观的基础知识和运行机制。
- 在网站中创建和应用母版页统一网站风格。
- 定义和应用主题让网页上的控件和元素具有风格统一的外观样式。
- 在网站中建立多个主题，实现换肤功能。

7.1 母版页

ASP.NET 母版页可以为 Web 应用的所有页面或一组页面，定义它们所需的共同外观和标准行为，让这些网页具有统一的布局和风格，使用母版页创建的网页称为内容页。

7.1.1 母版页概述

母版页的文件扩展名为.master，其页面指令以特殊的@Master 指令来标识，例如一个文件名为 MasterPage 的母版页的页面指令如下。

```
<%@ Master Language="C#" CodeFile="MasterPage.master.cs" Inherits="MasterPage" %>
```

除了@Master 指令外，母版页的内容还将包含网页的所有顶级 HTML 元素，如 html、head 和 form。在母版页中可以使用任何的静态文本、HTML 元素和 ASP.NET 控件，此外，母版页还将包含一个或多个 ContentPlaceHolder 控件，这些 ContentPlaceHolder 控件充当占位符来定义内容页上可编辑的区域。

母版页仅仅是一个页面模板，单独的母版页是不能直接运行而被用户所访问的，必须在被其他页面使用后才能显示。

7.1.2 内容页概述

内容页使用母版页创建，它们的文件扩展名和普通网页一样是.aspx，但其页面指令和内容会有所不同，内容页的@Page 指令中会包含一个 MasterPageFile 属性指向所使用的母版页的路径。例如，如下@Page 指令就表示一个内容页使用了名为 MasterPage.master 的母版页。

```
<%@ Page Language="C#" MasterPageFile="~/MasterPage.master" ……%>
```

内容页中，只有在 Content 控件中可以添加各种网页内容。内容页上的 Content 控件与母版页上的 ContentPlaceHolder 控件相映射，有着严格的对应关系，母版页中包含了多少个 ContentPlaceHolder 控件，内容页也必须含有与之相应数量的 Content 控件。

当某个内容页被用户请求访问时，服务器会将内容页与母版页的内容合并在一起输出。

7.1.3　创建母版页

母版页的制作编辑与普通页面类似，可以进行可视化的设计，也可以编写后置代码。与普通页面不一样的是，它包含 ContentPlaceHolder 控件，ContentPlaceHolder 控件就是可以让内容页进行编辑的区域。如果需要在母版页中编写后台代码访问控件，其操作方式和代码的编写都与普通页面一样，例如双击按钮即可编写母版页中的按钮对应的代码。

【例 7-1】制作学生信息管理网站 "StudentMIS" 的母版页。

本案例主要演示如何使用 Visual Studio 平台设计和制作母版页。首先创建一个母版页，然后采用 DIV+CSS 技术对母版页进行排版布局，界面布局如图 7-1 所示。此母版页采用 "匡" 字形布局，页面顶部为横条网站标志，下方左侧为一窄列链接菜单，右侧是显示主要内容的区域，最下面是显示网站的一些基本信息的横条区域。顶部、底部和左侧的页面内容将在网站的每个页面中出现，右侧的主要内容区域将使用内容占位符 ContentPlaceHolder 控件，内容页可以在此区域编辑自己的页面内容。

图 7-1　母版页界面布局

具体步骤如下。

（1）将所需图像放入网站。页面顶部、左侧和底部所用图像的文件名分别为 Banner.jpg、LogoLeft.jpg 和 logo.jpg，在 "解决方案资源管理器" 中右击文件夹 "Images"，选择"添加"→"现有项"命令，将准备好的图片添加到 Images 文件夹中。

（2）创建母版页。右击网站名称，选择"添加"→"添加新项"命令，在"Visual Studio 已安装的模板"栏选择"母版页"，在"名称"框中输入"MasterPage.master"，勾选"将代码放在单独的文件中"复选框。然后单击"添加"按钮，在网站根文件夹下成功创建母版页 MasterPage.master。

（3）界面布局。根据设计，向母版页添加 5 个层，表 7-1 介绍了这 5 个层的名称及它们的用途。

表 7-1　母版页中的层

层	名　　称	说　　明
div	top	位于页面顶部，放入横条网站标志
div	mid	位于页面中部，里面嵌套放入"left"层和"main"层
div	left	位于页面中部左侧，放入一列链接菜单
div	main	位于页面中间，放入内容占位符 ContentPlaceHolder 控件
div	bottom	位于页面底部，放入网站的一些基本信息

切换到"源"视图，在页面的源代码中添加层代码，代码如下。

```
<body>
<form id="form1" runat="server">
    <div id="top"></div>
    <div id="mid">
        <div id="left"></div>
        <div id="main"></div>
    </div>
    <div id="bottom"></div>
</form>
</body>
```

（4）创建层叠样式表文件 StyleSheet.css，设置层的样式。在"解决方案资源管理器"中右击网站名称，选择"添加"→"添加新项"命令，在"Visual Studio 已安装的模板"栏选择"样式表"，在"名称"框中输入"StyleSheet.css"，然后单击"添加"按钮，在网站根文件夹下将成功创建层叠样式表文件 StyleSheet.css。在文件中输入样式代码如下。

```
/* 页面边距为 0 */
body {
    margin: 0px;
}
/* top 层宽 800 像素，高 150 像素，位于页面顶部，页面水平方向居中，1 像素粗的实线边框，
背景图片 images/Banner.jpg */
    #top {
```

```
    position: relative;
    width: 800px;
    height: 150px;
    top: 0px;
    left: 0px;
    margin: 0px auto 0px auto;
    border: 1px solid #C0C0C0;
    background-image: url('images/Banner.jpg');
    background-repeat: no-repeat;
    background-position: center center;
}
/* mid 层宽 800 像素，高 450 像素，页面水平方向居中，1 像素粗的实线边框 */
#mid {
    position: relative;
    width: 800px;
    height: 450px;
    top: 0px;
    left: 0px;
    margin: 0px auto 0px auto;
    border: 1px solid #808080;
}
/* left 层宽 150 像素，高 450 像素，水平方向靠左，背景图片 images/LogoLeft.jpg，文
本居中 */
#left {
    width: 150px;
    height: 450px;
    top: 0px;
    left: 0px;
    float: left;
    background-image: url('images/LogoLeft.jpg');
    background-repeat: no-repeat;
    background-position: left top;
    text-align: center;
}
/* main 层宽 650 像素，高 450 像素，内容溢出自动显示滚动条 */
#main {
    width: 650px;
    height: 450px;
    top: 0px;
```

```
        left: 150px;
        overflow: auto;
    }
    /* bottom 层宽 800 像素，高 40 像素，页面水平方向居中，1 像素粗的实线边框，文本居中、
小号字 */
    #bottom {
        border: 1px solid #808080;
        width: 800px;
        height: 40px;
        top: 0px;
        left: 0px;
        margin: 0px auto 0px auto;
        text-align: center;
        font-size:small;
    }
```

（5）在母版页中使用样式表。打开母版页，选择"格式"→"附加样式表"命令，弹出"选择样式表"窗口，在窗口中选中样式表文件 StyleSheet.css，然后单击"确定"按钮，母版页及其各个层将按照 StyleSheet.css 文件中设置的样式来显示。

（6）添加母版页内容。在左侧的 left 层中放入 5 个 Hyperlink 控件，在中间的 main 层中放入 1 个 ContentPlaceHolder 控件，在底部的 bottom 层中放入 1 个 Image 控件，并输入文本；然后按照表 7-2 设置各个控件的属性。

表 7-2　母版页控件属性设置

控　件	属　性	值	说　明
Hyperlink	ID	hlDefault	链接到主页
	Text	主页	
	NavigateUrl	~/Default.aspx	
	ForeColor	#FFCC00	
Hyperlink	ID	hlSignIn	链接到登录页
	Text	登录	
	NavigateUrl	~/SignIn.aspx	
	ForeColor	#FFCC00	
Hyperlink	ID	hlRegister	链接到注册页
	Text	注册	

控　件	属　性	值	说　明
Hyperlink	NavigateUrl	~/Register.aspx	
	ForeColor	#FFCC00	
Hyperlink	ID	hlPerInfo	链接到个人信息页
	Text	个人信息	
	NavigateUrl	~/PersonalInfo.aspx	
	ForeColor	#FFCC00	
Hyperlink	ID	hlFeedback	链接到建议反馈页
	Text	建议反馈	
	NavigateUrl	~/Feedback.aspx	
	ForeColor	#FFCC00	
ContentPlaceHolder	ID	ContentPlaceHolder1	内容占位符控件
Image	ID	Image1	底部 Logo
	ImageUrl	~/images/logo.jpg	
	ImageAlign	Middle	

完成以上步骤后，母版页制作完毕，界面效果如图 7-1 所示。页面完整的源代码如下。

```
<%@ Master Language="C#" AutoEventWireup="true" CodeFile="MasterPage.
master.cs" Inherits="MasterPage" %>
<!DOCTYPE html>
<html xmlns="http://www.w3.org/1999/xhtml">
<head runat="server">
    <title></title>
    <link href="StyleSheet.css" rel="stylesheet" type="text/css" />
</head>
<body>
<form id="form1" runat="server">
    <div id="top"></div>
    <div id="mid">
        <div id="left">
            <br /><br /><br /><br /><br /><br /><br /><br /><br />
            <asp:HyperLink ID="hlDefault" runat="server" ForeColor="#FFCC00"
```

```
NavigateUrl="~/Default.aspx">主页</asp:HyperLink><br /><br />
            <asp:HyperLink ID="hlSignIn" runat="server" ForeColor="#FFCC00"
NavigateUrl="~/SignIn.aspx">登录</asp:HyperLink><br /><br />
            <asp:HyperLink ID="hlRegister" runat="server" ForeColor="#FFCC00"
NavigateUrl="~/Register.aspx">注册</asp:HyperLink><br /><br />
            <asp:HyperLink ID="hlPerInfo" runat="server" ForeColor="#FFCC00"
NavigateUrl="~/PersonalInfo.aspx">个人信息</asp:HyperLink><br /><br />
            <asp:HyperLink ID="hlFeedback" runat="server" ForeColor="#FFCC00"
NavigateUrl="~/Feedback.aspx">建议反馈</asp:HyperLink>
        </div>
        <div id="main">
            <asp:ContentPlaceHolder ID="ContentPlaceHolder1" runat="server">
            </asp:ContentPlaceHolder>
        </div>
    </div>
    <div id="bottom">
        <asp:Image ID="Image1" runat="server" Height="33px" ImageUrl="~
/images/logo.jpg" Width="45px" ImageAlign="Middle" />
     深圳职业技术学院计算机工程学院
    </div>
    </form>
    </body>
    </html>
```

7.1.4　创建内容页

内容页中仅包含要与母版页合并显示的内容，也就是其个性化的页面内容部分。需要创建内容页的时候，在"添加新项"对话框中勾选"选择母版页"复选框，这样建立的页面就是内容页，内容页将会用 Content 控件替换母版页中的 ContentPlaceHolder 控件区域，程序员可以在这里编写需要添加的页面内容。如果需要在内容页编写后台代码访问内容页中的控件，其操作与普通的 aspx 页面一样。下面使用母版页来创建一个内容页。

【例 7-2】使用母版页创建"学生信息"页面。

本案例演示如何使用母版页来创建内容页，"学生信息"页面文件名为 StudentInfo.aspx，存放在新建的文件夹"Student"中，"Student"文件夹用来存放所有与学生信息相关的网页。"学生信息"页面使用【例 7-1】创建的母版页 MasterPage.master 来制作。在本案例中，页面的内容仅包含文本"学生信息管理"。

具体步骤如下。

（1）创建内容页。打开网站"StudentMIS"，在网站下新建文件夹，并命名为"Student"。右击"Student"文件夹，选择"添加"→"添加新项"命令，弹出如图 7-2 所示"添加新项"对话框，在"Visual Studio 已安装的模板"栏选择"Web 窗体"，在"名称"文本框中

输入 "StudentInfo.aspx"，勾选 "将代码放在单独的文件中" 复选框，勾选 "选择母版页"
复选框，然后单击 "添加" 按钮。

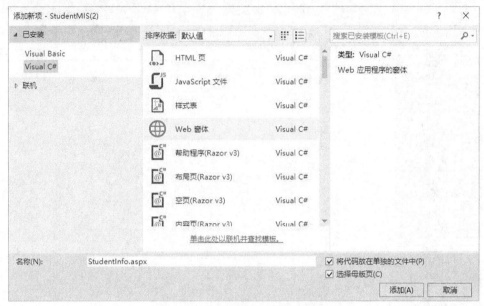

图 7-2 添加新项窗口的选项设置

（2）出现图 7-3 所示的 "选择母版页" 对话框，单击母版页名称 "MasterPage.master"，
然后单击 "确定" 按钮，即会创建一个新的.aspx 文件。

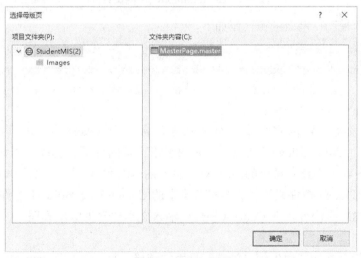

图 7-3 选择母版页

在 "设计" 视图中，新创建的 StudentInfo.aspx 网页界面如图 7-4 所示。可以看到，母
版页中除了 ContentPlaceHolder 控件以外的所有内容都显示为灰色，在内容页中不能编辑修
改。ContentPlaceHolder 控件在新的内容页中显示为 Content 控件，只有在这个控件中可以
添加新的页面内容。

图 7-4　StudentInfo.aspx 网页界面

进入"源"视图，网页的源代码如下。

```
    <%@  Page  Title=""  Language="C#"  MasterPageFile="~/MasterPage.master"
AutoEventWireup="true" CodeFile="StudentInfo.aspx.cs" Inherits="StudentInfo" %>
    <asp:Content  ID="Content1"  ContentPlaceHolderID="ContentPlaceHolder1"
Runat="Server"></asp:Content>
```

上述代码说明，在内容页中，页面顶部包含一个@Page 指令，其中有一项属性 MasterPageFile="~/MasterPage/MP.master"表明了该页是内容页，也指明了该内容页使用的母版页地址。内容页不具有常见的 ASP.NET 页面的基本元素，如 html、body 或 form 元素，但是包含一个 Content 控件元素，它与母版页上的 ContentPlaceHolder1 控件相匹配。

（3）添加内容页内容。在 Content 控件中输入文本"学生信息管理"，并将其格式设置为标题 3 并居中。

（4）在母版页添加"学生信息管理"页面的链接。打开 MasterPage.master 文件，在原有的"个人信息"链接下面添加一个 HyperLink 控件，设置其属性 ID 为 hlStudentInfo、NavigateUrl 为~/Student/StudentInfo.aspx、Text 为学生信息管理、ForeColor 为#FFCC00。

（5）运行 StudentInfo.aspx 页面，学生信息管理页显示如图 7-5 所示。

页面运行时，ASP.NET 将 StudentInfo.aspx 页的内容与母版页 MasterPage.master 的内容合并到一个页面显示在浏览器中。

图 7-5 StudentInfo.aspx 网页运行界面

7.1.5 编辑网页成为内容页

对于已经创建的网页，如果想要应用母版页使之成为一个内容页，可以直接在网页中进行编辑，这需要以下几个步骤。

（1）在页面顶部的@Page 指令中添加引用母版页的 MasterPageFile 属性，并关联到需要应用的母版页地址。

（2）删除页面上所有和内容无关的标签，如<html>、<body>、<form>等。

（3）依据母版页中 ContentPlaceHolder 控件的数量，向页面添加 Content 控件代码，每个 Content 控件的 ContentPlaceHolderID 属性设置为母版页中相对应的 ContentPlaceHolder 控件的 ID，然后将页面内容放入 Content 控件中。

【例 7-3】对已经创建的主页 Deault.aspx 应用母版页 MasterPage.master。

本案例演示如何编辑一个现有网页，将其改造成一个内容页。具体步骤如下。

（1）打开网页文件 Deault.aspx，进入"源"视图，现有网页的完整源代码如下，包括页面指令、HTML 页面结构标签以及页面内容。

```
<%@ Page Language="C#" AutoEventWireup="true" CodeFile="Default.aspx.cs"
Inherits="_Default" %>
<!DOCTYPE html>
<html xmlns="http://www.w3.org/1999/xhtml">
<head runat="server">
    <meta http-equiv="Content-Type" content="text/html; charset=utf-8"/>
    <title></title>
```

```
    </head>
    <body>
    <form id="form1" runat="server">
        <div style="text-align: center;">
            <asp:ScriptManager ID="ScriptManager1" runat="server">
            </asp:ScriptManager>
            学生信息管理系统主页<br /><br />
            <asp:Label ID="lblUname" runat="server"></asp:Label><br /><br />
            <asp:UpdatePanel ID="UpdatePanel1" runat="server">
            <ContentTemplate>
                <asp:Timer ID="Timer1" runat="server" Interval="10000">
                </asp:Timer>
                网站在线人数:<asp:Label ID="lblOnlineNum" runat="server" Text="">
</asp:Label>
                   当前用户在线时间: <asp:Label ID="lblOnlineTime"
runat="server" Text=""></asp:Label>
            </ContentTemplate>
            </asp:UpdatePanel>
        </div>
    </form>
    </body>
    </html>
```

（2）关联母版页。在第一行代码@Page 指令中添加 MasterPageFile 属性指向"~/MasterPage.
master"文件。

```
<%@Page Language="C#"MasterPageFile="~/MasterPage.master" AutoEventWireup=
"true" CodeFile="Default.aspx.cs" Inherits="_Default" %>
```

（3）删除页面内容以外的标记。删掉网页文件中所有 HTML 页面结构标签，即在如下
代码中以删除线标识的部分（注意包括前后两个部分）。

```
<%@Page Language="C#"MasterPageFile="~/MasterPage.master" AutoEventWireup=
"true" CodeFile="Default.aspx.cs" Inherits="_Default" %>
<!DOCTYPE html>
<html xmlns="http://www.w3.org/1999/xhtml">
<head runat="server">
    <meta http-equiv="Content-Type" content="text/html; charset=utf-8"/>
    <title></title>
</head>
<body>
<form id="form1" runat="server">
    <div style="text-align: center;">
```

```
    <asp:ScriptManager ID="ScriptManager1" runat="server">
    </asp:ScriptManager>
    学生信息管理系统主页<br /><br />
    <asp:Label ID="lblUname" runat="server"></asp:Label><br /><br />
    <asp:UpdatePanel ID="UpdatePanel1" runat="server">
    <ContentTemplate>
        <asp:Timer ID="Timer1" runat="server" Interval="10000">
        </asp:Timer>
        网站在线人数：<asp:Label ID="lblOnlineNum" runat="server" Text="">
</asp:Label>
          当前用户在线时间：<asp:Label ID="lblOnlineTime"
runat="server" Text=""></asp:Label>
    </ContentTemplate>
    </asp:UpdatePanel>
    </div>
</form>
</body>
</html>
```

（4）添加 Content 控件，设置其 ID 属性为 Content1、ContentPlaceHolderID 属性为
ContentPlaceHolder1，然后将原有页面内容放入 Content 控件之中，完成后的代码如下。

```
<%@Page Language="C#"MasterPageFile="~/MasterPage.master" AutoEventWireup=
"true" CodeFile="Default.aspx.cs" Inherits="_Default" %>
    <asp:Content ID="Content1" ContentPlaceHolderID="ContentPlaceHolder1"
Runat="Server">
    <div style="text-align: center;">
    <asp:ScriptManager ID="ScriptManager1" runat="server">
    </asp:ScriptManager>
    学生信息管理系统主页<br /><br />
    <asp:Label ID="lblUname" runat="server"></asp:Label><br /><br />
    <asp:UpdatePanel ID="UpdatePanel1" runat="server">
    <ContentTemplate>
    <asp:Timer ID="Timer1" runat="server" Interval="10000">
    </asp:Timer>
    网站在线人数：<asp:Label ID="lblOnlineNum" runat="server" Text="">
</asp:Label>
      当前用户在线时间：<asp:Label ID="lblOnlineTime" runat="server"
Text=""></asp:Label>
    </ContentTemplate>
    </asp:UpdatePanel>
```

```
        </div>
    </asp:Content>
```

（5）运行网页，可以看到主页已经成功使用了母版页，如图 7-6 所示。

图 7-6　使用了母版页的主页运行界面

按照【例 7-3】的步骤，可以将 StudentMis 网站的其他网页全部都编辑成为内容页，并关联母版页 MasterPage.master，以使整个网站的页面风格统一起来。

7.1.6　访问母版页控件

母版页是与内容页一起合并运行的，因此内容页的代码可以访问母版页上的控件。ASP.NET 为内容页面提供了一个 Master 对象，它代表当前内容页面的母版页，通过 Master 对象的 FindControl 方法，可以找到母版页中的指定控件，继而在内容页中操作这些控件。

【例 7-4】内容页获取并显示母版页上文本框中输入的文本。

本案例介绍如何在内容页中获取母版页上的控件的取值。本案例假设母版页上有一个文本框控件，其 ID 为 txtSearch，内容页上用一个 ID 为 lblShow 的文本标签控件显示该文本框中的信息，代码如下。

```
TextBox tbTxt= (TextBox) Master.FindControl("txtSearch");  //获取母版页上的文本框控件
    if(tbTxt!= null)
    {
        lblShow.Text = tbTxt.Text;                         //获取文本框中的值
    }
```

7.2 主题与外观

7.2.1 主题和外观概述

ASP.NET 主题是一组定义控件和页面元素样式的属性设置集合，目的是为网站中的控件和元素提供一致的外观。

一个主题可以包括外观文件（.skin 文件）、级联样式表文件（.css 文件）以及图像和其他资源。主题中的外观文件用于定义 Web 服务器控件的属性设置，而级联样式表文件则用于定义网页上 HTML 元素的样式属性，图像和其他资源用于支持主题。

通过应用主题，一个 Web 应用程序中的所有页或者部分页面将拥有一致的外观。

7.2.2 定义与应用主题

在一个 Web 应用程序中，可以定义一个或多个主题，可将这些主题应用到应用程序的一个或多个页。在 Visual Studio 中，主题保存在网站的一个特殊文件夹 App_Themes 之中，一个主题就是 App_Themes 文件夹下的一个子文件夹，该子文件夹的名称即为主题的名称。

一个主题往往包含.skin 外观文件，在外观文件中可以使用声明性语法定义标准控件外观。外观定义与创建控件的语法类似，不同之处在于，外观定义只包含影响控件外观的属性设置，不能包含 ID 属性。

如下示例代码定义了主题中所有 Button 控件的颜色和字体：

```
<asp:Button runat="server" BackColor="#CCFFCC" Font-Names="黑体"/>
```

主题一旦创建好，就可以对网页或者整个网站应用，在页面级设置主题会影响该页及其所有控件，在网站级设置主题会影响网站中所有的页面和控件。

若要对单个网页应用主题，将该页面@Page 指令的 Theme 或 StyleSheetTheme 属性设置为主题名称即可，如下面的代码所示。

```
<%@ Page Theme="主题名称" …%>
```

或者，

```
<%@ Page StyleSheetTheme="主题名称" …%>
```

Theme 与 StyleSheetTheme 两者的区别是，使用 Theme 指定的主题将会重写控件的本地设置，而 StyleSheetTheme 设置的主题只是作为本地设置的从属，仅仅对控件上没有在本地设置的属性有效。

若对整个网站应用主题，可在应用程序的 Web.config 文件中，将<pages>元素的 Theme 或 StyleSheetTheme 属性设置为主题名称，代码示例如下。

```
<configuration>
<system.web>
   <pages theme="主题名称" />
</system.web>
</configuration>
```

或者，

```
<configuration>
<system.web>
```

```
        <pages styleSheetTheme="主题名称" />
    </system.web>
</configuration>
```

【例 7-5】在 StudentMIS 网站中创建一个主题，并在登录页加以应用，将网页的控件和元素统一为绿色色调风格。

本案例将演示在 Visual Studio 中为网站创建主题以及为单个页面应用主题的操作过程。主题名称为 Green，它包括一个名称为 SkinFile.skin 的外观文件和一个名称为 StyleSheet.css 的样式表文件，SkinFile.skin 外观文件中定义了 TextBox 控件和 Button 控件的外观，StyleSheet.css 样式表文件设置了网页背景颜色以及顶部层和左侧层的背景图片。创建好 Green 主题后，在登录页应用。

具体步骤如下。

（1）创建主题。在"解决方案资源管理器"窗格中右击网站名称，选择"添加"→"添加 ASP.NET 文件夹"→"主题"命令，系统在网站根目录下创建 App_Themes 专用文件夹，并在 App_Themes 文件夹中创建一个主题文件夹，输入名称为 Green，此文件夹的名称也就是主题的名称。

（2）在主题中新建 Images 文件夹，添加图像资源。Green 主题将使用 2 张基于绿色色调的图像，1 张是页面顶部的横条标志背景图片 BannerG.jpg，另 1 张是页面左侧菜单链接区的背景图片 LogoLeftG.jpg。右击主题文件夹名称，选择"添加"→"新建文件夹"命令，给文件夹命名为 Images。然后右击 Images 文件夹，选择"添加"→"现有项"命令，选中 BannerG.jpg 文件和 LogoLeftG.jpg 文件，单击"添加"按钮。

（3）添加外观文件。右击主题文件夹名称，选择"添加"→"外观文件"命令，在弹出的"指定项名称"对话框中输入名称 SkinFile，然后单击"确定"按钮，Green 主题文件夹下将出现外观文件 SkinFile.skin。

（4）定义控件外观。在外观文件中定义 TextBox 控件和 Button 控件的外观，输入以下代码。

```
<asp:TextBox runat="server" BackColor="#CCFFCC" ForeColor="#666699"/>
<asp:Button    runat="server"    BackColor="#CCFFCC"    ForeColor="#666699"
BorderColor="#336600" BorderStyle="Solid" BorderWidth="1px"/>
```

上述代码定义了 TextBox 控件的背景颜色和文本颜色、Button 控件的背景颜色、文本颜色以及边框的颜色、线型和粗细。

在定义控件外观时，通常会采用一个较为简单的方法，那就是先在普通网页上使用设计器设置控件的属性，使它具有需要的外观；然后再将控件的定义代码复制到外观文件中，同时注意删除其中的 ID 属性。

（5）添加级联样式表文件。右击主题文件夹名称，选择"添加"→"样式表"命令，在弹出的"指定项名称"对话框中输入名称 StyleSheet，然后单击"确定"按钮，Green 主题文件夹下将出现样式表文件 StyleSheet.css，在该文件中输入以下代码。

```
body {
    background-color: #EAFCFE;
```

```
    }
    #top {
        background-image: url('./images/BannerG.jpg');
    }
    #left {
        background-image: url('./images/LogoLeftG.jpg');
    }
```

（6）完成上述步骤后，主题 Green 创建完毕，下面来应用主题，首先登录页应用主题。打开登录页文件 SignIn.aspx，在文件顶部的页面指令中添加 Theme 属性，并指向主题名称，代码如下。

```
<%@ Page Language="C#" MasterPageFile="~/MasterPage.master" Theme="Green"
AutoEventWireup="true" CodeFile="SignIn.aspx.cs" Inherits="SignIn" %>
```

（7）运行登录页。界面如图 7-7 所示，可以看到主题的应用效果，页面上的文本框、按钮以及页面的背景、页面顶部和左侧的显示都按照主题中定义的属性呈现。

图 7-7　应用了 Green 主题的登录页运行界面

本例成功创建了名称为 Green 的主题，并将主题应用到了单个页面，下面将主题应用到整个网站。

【例 7-6】将主题 Green 应用于 StudentMIS 网站，使网站中所有页面的控件和元素统一为绿色色调风格。

本案例演示将主题应用到整个网站的实现过程，主题的名称为 Green，在 Web.config 文件中进行设置。具体步骤如下。

（1）打开网站配置文件 Web.config。

（2）设置网站主题。在文件中找到<configuration>中的<system.web>节点，添加<pages>元素，将 theme 属性设置为主题名称 Green，代码如下。

```
<configuration>
<system.web>
   ...
    <pages theme="Green" />
</system.web>
</configuration>
```

（3）运行网站中任何一个网页，可以看到页面及其控件都显示主题定义的样式。

Web.config 文件中设置的主题会应用于应用程序的所有 ASP.NET 网页，如果某个页面单独指定了主题，则页面主题优先。

7.2.3 同一种控件定义不同外观

在【例 7-5】中，外观文件定义了 TextBox 控件和 Button 控件的默认外观，页面中应用了主题的所有 TextBox 和 Button 控件实例都呈现出一致的风格。如果需要对同一种控件定义多种显示风格，可以创建控件的命名外观，在.skin 文件中定义控件时设置它的 SkinID 属性加以区别，代码如下。

```
<控件类别 runat="server" SkinId="外观名称" 属性="值" />
```

网页上的所有控件都具有 SkinID 这一属性，如果一个控件需要使用某个命名外观，则将该控件的 SkinID 属性设置为命名外观的名称即可。

【例 7-7】在 Green 主题中增加一种 TextBox 控件外观，具有黄色背景，登录页的用户名文本框显示为这种风格。

本案例主要演示命名外观的定义与应用，在 Green 主题的外观文件中增加一种 TextBox 控件的定义，设置其 SkinID 属性为 txtYellow。txtYellow 也就是这种命名外观的名称，在登录页中将用户名文本框 txtName 的 SkinID 属性设置为 txtYellow，表示它将应用该命名外观。

具体步骤如下。

（1）打开 Green 主题中的外观文件 SkinFile.skin。

（2）定义一种 TextBox 控件命名外观，名称为 txtYellow，背景为黄色。在外观文件中添加以下代码。

```
<asp:TextBox runat="server" SkinId="txtYellow" BackColor="Yellow" />
```

（3）应用命名外观 txtYellow。打开登录页文件 SignIn.aspx，选中文本框控件 txtName，设置其 SkinID 属性为 txtYellow。

控件的源代码如下。

```
<asp:TextBox ID="txtName" runat="server" SkinID="txtYellow"></asp:TextBox>
```

（4）运行页面。登录页面运行效果如图 7-8 所示，可以看到，应用了命名外观 txtYellow 的用户名文本框呈现出黄色背景，其他文本框则呈现默认外观指定的淡绿色。

图 7-8 用户名文本框应用命名外观的效果

本例中外观文件的完整代码如下。

```
<asp:TextBox runat="server" BackColor="#CCFFCC" ForeColor="#666699"/>
<asp:TextBox runat="server" SkinId="txtYellow" BackColor="Yellow"/>
<asp:Button   runat="server"   BackColor="#CCFFCC"   ForeColor="#666699"
BorderColor="#336600" BorderStyle="Solid" BorderWidth="1px"/>
```

上述代码中定义了两种 TextBox 控件的外观风格，第一条 TextBox 控件定义语句不包含 SkinID 属性，称为默认外观，它将应用于使用了主题的页面上所有未指定 SkinID 属性的该类控件；第二条 TextBox 控件定义语句中设置了 SkinID 属性，则为命名外观，只有指定了该 SkinID 属性的控件实例才能应用该样式。

7.2.4　以编程方式应用主题

前面介绍了在页面声明中应用主题以及在网站配置文件中指定主题的相关操作，用户还可以通过编程的方式来应用主题，实现的方法是在页面的 PreInit 事件处理程序中设置页面的 Theme 属性加载主题，代码示例如下。

```
protected void Page_PreInit(object sender, EventArgs e)
{
    Page.Theme = "主题名称";
}
```

采用编程方式应用主题，用户可以方便地自主选择网站主题风格。

7.3 实践演练

下面综合运用前面所学的主题技术、状态管理技术实现网站主题风格的切换。

【例 7-8】为 StudentMIS 网站建立选择主题风格的功能，网站提供绿色色调和蓝色色调 2 种主题，根据用户选择，切换网站风格。

7.3.1 问题分析

实现本例的功能，需要考虑以下几个问题。

（1）需要为网站创建多种风格的主题以供用户选择。本案例将提供 2 种主题风格，一种是在【例 7-5】中已经创建的 Green 主题，基于绿色色调的风格；此外再创建一种蓝色色调的主题，命名为 Blue。用户可以任意选择其中一种主题风格。对于更多种主题风格切换的情况，其做法及编程实现是一样的。

（2）确定用户选择主题的页面及方式。在网站的登录页面添加一个下拉列表控件，提供主题选项，让用户在不同的页面主题之间进行选择。

（3）如何将用户选择的主题应用于页面。由于需要动态地应用主题，所以必须采取编程的方式将用户选择的主题应用到每一个页面。

7.3.2 制作实现

具体步骤如下。

（1）创建主题 Blue。按照【例 7-5】的步骤（1）~（5）所述，添加主题并命名为 Blue，在主题下新建 Images 子文件夹，添加两张图像文件 Banner.jpg 和 LogoLeft.jpg。在主题下添加外观文件命名为 SkinFile.skin，添加样式表文件命名为 StyleSheet.css。

（2）编辑外观文件。在 SkinFile.skin 文件中定义控件外观，输入以下代码。

```
<asp:TextBox runat="server" BackColor="#99CCFF" ForeColor="#6666FF"/>
<asp:TextBox runat="server" SkinID="txtYellow" BackColor="LightYellow"/>
<asp:Button   runat="server"   BackColor="#99CCFF"   ForeColor="#6666FF"
BorderColor="#000066" BorderStyle="Solid" BorderWidth="1px"/>
```

（3）编辑样式表文件。在 StyleSheet.css 文件中设置页面元素样式，代码如下。

```
body {
    background-color: #ECF0FF;
}
#top {
    background-image: url('./images/Banner.jpg');
}
#left {
    background-image: url('./images/LogoLeft.jpg');
}
```

（4）查看 Blue 主题的页面效果。按照【例 7-6】所述的步骤设置网站主题，在网站配置文件 Web.config 中将 <pages> 元素的 Theme 属性设置为主题名称 Blue，网站中的所有页面都将应用 Blue 主题，它也是网站默认显示的主题。运行登录页面，可以看到 Blue 主题的页面效果如图 7-9 所示。特别需要注意的是，如果在页面的@Page 指令中已经设置了应用某个主题，则页面指定的主题优先，所以在此应先检查一下登录页面是否已经指定了主题。若有，则先将其@Page 指令中的 Theme 属性设置删除，再运行页面查看 Blue 主题的页面效果。

图 7-9　Blue 主题页面效果

（5）在登录页添加下拉列表控件以供用户选择主题。打开登录页文件 SignIn.aspx，按照图 7-10 所示在页面表格中添加一行，在左侧单元格中输入文字 "选择风格"，右侧单元格中放入 DropDownList 控件，设置其 ID 属性为 ddlTheme、AutoPostBack 属性为 True；然后添加两个列表项，一个列表项的 Text 属性设置为"蓝色海洋"、Value 属性为 "Blue"，另一个列表项的 Text 属性设置为 "绿色春天"、Value 属性为 "Green"。

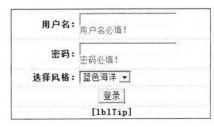

图 7-10　用户登录页面添加选择风格下拉列表

DropDownList 控件源代码如下。

```
<asp:DropDownList ID="ddlTheme" runat="server" AutoPostBack="True" >
    <asp:ListItem Value="Blue">蓝色海洋</asp:ListItem>
```

```
      <asp:ListItem Value="Green">绿色春天</asp:ListItem>
  </asp:DropDownList>
```

（6）保存用户选择的主题名称。双击 DropDownList 控件进入后台代码文件，在 ddlTheme_SelectedIndexChanged 事件处理中添加以下代码。

```
protected void ddlTheme_SelectedIndexChanged(object sender, EventArgs e)
//选择主题
{
    Session["theme"] = ddlTheme.SelectedValue;//使用会话状态变量保存主题名称
    Response.Redirect(Request.Path.ToString()); //刷新页面
}
```

（7）将用户选择的主题应用到页面。在后台代码文件中添加以下代码。

```
protected void Page_PreInit(object sender, EventArgs e)
{
    if (Session["theme"] != null)
        Page.Theme = Session["theme"].ToString(); //设置页面主题为用户选择的主题
}
```

（8）设置下拉列表的选中项与页面当前所应用主题的一致性。在后台代码文件的 Page_Load 事件中添加以下代码。

```
protected void Page_Load(object sender, EventArgs e)
{
    if (!IsPostBack)
    {
        ……
        if (Session["theme"] != null)
            ddlTheme.SelectedValue = Session["theme"].ToString();  //下拉列
表选中项与页面显示主题一致
    }
}
```

（9）运行登录页面。在下拉列表中选择不同的主题风格，页面随即切换显示出对应的页面风格。

（10）网站所有页面统一切换风格。重复步骤（7）的操作，在网站的每一个页面后台代码文件中添加应用选中主题的代码。当用户选择了某个主题风格以后，网站的所有页面都将呈现为该风格。至此，网站实现了换肤功能。

7.4 小结

母版页和主题技术旨在为网站提供统一的页面风格。使用母版页可以定义一致的页面布局以及页面间的公用内容，使用主题可以设置控件和页面 HTML 元素的样式使它们具有相同的外观。

　　本章着重介绍了如何在网站中创建和使用母版页与主题。母版页的制作与普通网页类似，但是它必须包含至少一个 ContentPlaceHolder 控件，为内容页提供一个区域来添加自身的网页内容。可以使用母版页创建新的内容页，也可以编辑原有网页使之成为内容页。在实际项目开发中，一般先设计制作好母版页，再使用母版页新建各个页面，以提高开发效率。

　　主题的创建包括定义外观文件、样式表文件，可以应用于单个网页或者整个网站，如果在页面和网站同时设置了主题，则本地页面设置优先。

第❽章 ASP.NET 数据访问

数据访问技术是实现一个动态网站强大功能的最核心的技术。ASP.NET 为开发人员提供了两种数据访问方案，一种是使用 ASP.NET 数据访问控件，另一种是 ADO.NET 编程模型。本章对上述两种方案都进行了详细的介绍，通过多个实例页面的制作，讲解如何灵活运用各种控件或编写代码来实现各类数据访问功能。

学习目标

- 使用和配置数据源控件 SqlDataSource，访问数据库以及维护数据。
- 使用数据绑定控件 GridView、DetailsView 或 FormView 在页面上按不同的形式显示数据，并向用户提供数据操作交互界面，实现数据访问。
- 使用 ADO.NET 模型对象编程访问数据库，实现数据的增加、删除、修改和查询。
- 掌握使用 Visual Studio 从创建后台数据库到在网页上实现复杂的数据访问功能的完整流程。

8.1 ASP.NET 数据访问概述

Web 应用程序往往都需要处理大量的信息数据，这些信息数据通常交由数据库来组织、存储和管理，而 Web 应用程序则通过数据访问技术来实现对数据库的各种应用操作。

数据访问技术是 ASP.NET 的核心技术，在数据库处理方面，ASP.NET 提供了两种不同的数据访问方式，一种是使用服务器控件；另一种是 ADO.NET 标准编程模型。

ASP.NET 提供的与数据访问相关的服务器控件包括数据源控件和数据绑定控件两类。这些控件可以管理 Web 数据访问模型，在 ASP.NET 网页上承担起显示和管理数据的基础任务，实现对数据表数据的查询、新增、更新和删除等操作。使用数据服务器控件，只需少量代码甚至无须代码就可以在网页上实现数据访问功能。

ADO.NET 提供了对关系数据库、XML 和应用程序的数据访问，除了使用服务器控件之外，用户也可以通过编写代码使用 ADO.NET 中的类来访问数据，这些类属于 System.Data 命名空间，是.NET Framework 中不可缺少的一部分。

8.2 创建数据库

Visual Studio Community 2015 集成开发环境安装包中包含 SQL Server Express LocalDB 数据库，在安装 Visual Studio Community 2015 时勾选 "Microsoft SQL Server Data Tools" 工具选项，就会安装该数据库工具。SQL Server Express LocalDB 是 SQL Server 的轻量级版

本，它在用户模式下运行，可以更快速地安装，系统必备组件更少而且无须配置。SQL Server Express LocalDB 与较高版本的 SQL Server 一样，同样支持查询优化器和查询处理器，使用 Visual Studio 提供的设计器，能够可视化地设计表和其他数据库对象，也可以执行查询、增、删、改等数据操作，同时还支持多种方式编程，就像在 SQL Server 数据库中一样。

使用 SQL Server Express LocalDB 将应用程序连接到本地计算机上的数据库文件，采用的是访问本地数据库文件的方式，而不是连接到单独服务器上的数据库，便于网站调试。同时，SQL Server Express LocalDB 启用的功能与基于服务的 SQL Server 版本兼容，当部署网站时，在 SQL Server 中无须升级即可从 SQL Server Express LocalDB 向 SQL Server 迁移任意数据库或 Transact-SQL 代码。所以，对于基于各种版本的 SQL Server 数据库的应用程序都可以使用 SQL Server Express LocalDB 来开发。本章案例采用 SQL Server Express LocalDB 数据库，在 Visual Studio Community 2015 集成开发环境中直接创建，完整的建库过程包括创建数据库、创建数据表以及添加表数据几个环节。

【例 8-1】使用 Visual Studio 创建 StudentMIS 网站数据库。

本案例主要演示使用 Visual Studio Community 2015 集成开发环境创建数据库文件的过程，数据库命名为 StudentMIS，与网站名称相同。

具体步骤如下。

（1）打开网站"StudentMIS"，在"解决方案资源管理器"窗格中右击网站名称，选择"添加"→"添加新项"命令。

（2）此时将显示图 8-1 所示的"添加新项"对话框，在模板中选择"SQL Server 数据库"，在"名称"文本框中输入"StudentMIS.mdf"，然后单击"添加"按钮。

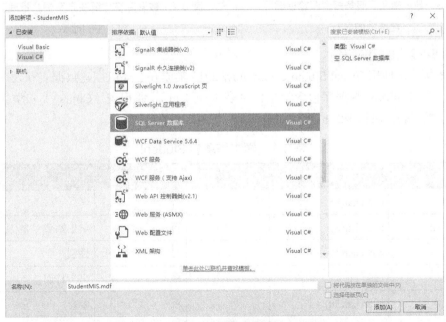

图 8-1　添加数据库

（3）弹出图 8-2 所示的提示信息，询问是否需要将数据库创建在专用文件夹"App_Data"下，单击"是"按钮，网站即可创建"App_Data"文件夹并将数据库文件"StudentMIS.mdf"

存放在该文件夹中。

图 8-2　添加数据库提示信息

（4）此时，在"服务器资源管理器"窗格中可以看到"数据连接"节点下已经有新创建的数据库 StudentMIS.mdf，如图 8-3 所示。切换到"解决方案资源管理器"窗格，如图 8-4 所示，网站的"App_Data"文件夹中已经存在数据库文件"StudentMIS.mdf"。

图 8-3　数据库在"服务器资源管理器"
　　　　窗格中的显示

图 8-4　数据库在"解决方案资源管理器"
　　　　窗格中的显示

【例 8-2】创建数据表。

本案例演示使用 Visual Studio Community 2015 集成开发环境创建数据表和设计表结构的过程。StudentMIS 数据库包含学生信息表（Student）、课程表（Course）和学生成绩表（Result）3 个表，数据表结构设计如表 8-1、表 8-2 和表 8-3 所示。

表 8-1　学生信息表 Student

列　　名	数据类型	主　　键	允 许 空	说　　明
StudentID	nvarchar(8)	是	否	学号
StudentName	nvarchar(8)		否	学生姓名
Sex	nvarchar(2)		否	性别
Birthdate	datetime		是	出生日期
Major	nvarchar(50)		否	专业
IsCPC	bit		是	是否党员
Email	nvarchar(20)		是	电子邮件

表 8-2　课程表 Course

列　　名	数据类型	主　　键	允 许 空	说　　明
CourseID	smallint	是	否	课程号
CourseName	nvarchar(50)		否	课程名称

表 8-3　学生成绩表 Result

列　　名	数据类型	主　　键	允 许 空	说　　明
StudentID	nvarchar(8)	是	否	学号（FK）
CourseID	smallint	是	否	课程号（FK）
Mark	decimal(6,0)		否	课程分数

具体步骤如下。

（1）首先创建 Student 表。在"服务器资源管理器"窗格中，依次单击展开"数据连接"→"StudentMIS.mdf"节点，然后右击"表"节点，选择"添加新表"命令，如图 8-5 所示。

图 8-5　添加新表

在工作区将出现表设计器，如图 8-6 所示，包括"设计"窗口和"T-SQL"窗口。"设计"窗口显示为一个网格，其中有一个默认行表示创建的表中的一列，通过向网格中添加一行信息，就可以在表中添加一列。"T-SQL"窗口中显示对应的创建表及定义表结构的 SQL 语句。

图 8-6　表设计器

（2）添加列。按照表 8-1 中学生信息表 Student 的设计，在网格中输入各列的名称、数据类型以及是否允许 Null，如图 8-7 所示。

（3）设置主键。如图 8-8 所示，右击 StudentID 行弹出快捷菜单，选择"设置主键"命令，将 StudentID 列设置为主键。

图 8-7　添加列　　　　　　　　　　　　图 8-8　设置主键

（4）定义表名。在"T-SQL"窗口中修改第一行语句来命名 Student 表，修改后的语句如下。

```
CREATE TABLE [dbo].[Student]
```

（5）保存表。在表设计器的左上角单击"更新"按钮 ☰ 更新(U)，出现图 8-9 所示"预览数据库更新"对话框，单击"更新数据库"按钮，上述步骤所做的更改将保存到本地数据库文件中。

图 8-9　"预览数据库更新"对话框

（6）重复步骤（1）~（5）的操作，创建 Course 课程表和 Result 学生成绩表。在"服务器资源管理器"窗格的"表"节点下可以看到创建的数据表及其列，如图 8-10 所示。

（7）创建外键。在"服务器资源管理器"窗格中双击表名称"Result"，表设计器中将打开 Result 表，在"设计"窗口右侧的上下文窗口中右击"外键"选项，然后在弹出的快捷菜单中选择"添加新外键"命令，如图 8-11 所示。

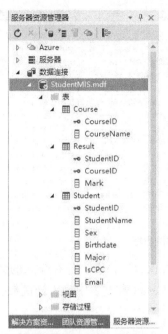

图 8-10 "服务器资源管理器"窗格中的"表"节点　　　　图 8-11 添加新外键

（8）定义外键。在显示的文本框中将"ToTable"替换为 Student，然后在"T-SQL"窗口中更新最后一行代码如下。

```
CONSTRAINT [FK_Result_Student] FOREIGN KEY ([StudentID]) REFERENCES
[Student] ([StudentID])
```

（9）重复步骤（7）~（8）的操作，再次添加外键，在显示的文本框中将"ToTable"替换为 Course，然后在"T-SQL"窗口中更新最后一行代码如下。

```
CONSTRAINT [FK_Result_Course] FOREIGN KEY ([CourseID]) REFERENCES[Course]
([CourseID])
```

（10）更新数据库。在表设计器的左上角单击"更新"按钮 ✿ 更新(U)，然后在弹出的"预览数据库更新"对话框中单击"更新数据库"按钮，将所做的更改保存到本地数据库文件中。

【例 8-3】添加数据表数据。

本案例演示在数据表中输入数据的操作过程。在 Student、Course 和 Result 数据表中分别输入样例数据。具体步骤如下。

（1）首先输入 Student 表样例数据。在"服务器资源管理器"窗格中，依次单击展开"数据连接"→"StudentMIS.mdf"→"表"节点。右击"Student"表名称，然后选择"显示表数据"命令，打开如图 8-12 所示的数据窗口。

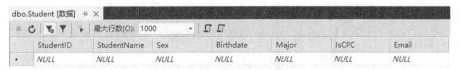

图 8-12 输入表数据窗口

（2）在数据窗口中逐行输入样例数据，如图 8-13 所示。

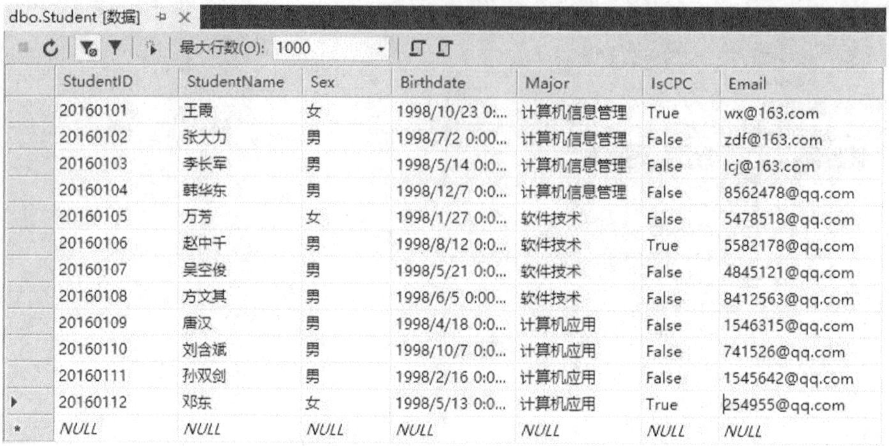

dbo.Student [数据]

最大行数(O): 1000

StudentID	StudentName	Sex	Birthdate	Major	IsCPC	Email
20160101	王雨	女	1998/10/23 0:...	计算机信息管理	True	wx@163.com
20160102	张大力	男	1998/7/2 0:00...	计算机信息管理	False	zdf@163.com
20160103	李长军	男	1998/5/14 0:0...	计算机信息管理	False	lcj@163.com
20160104	韩华东	男	1998/12/7 0:0...	计算机信息管理	False	8562478@qq.com
20160105	万芳	女	1998/1/27 0:0...	软件技术	False	5478518@qq.com
20160106	赵中千	男	1998/8/12 0:0...	软件技术	True	5582178@qq.com
20160107	吴空俊	男	1998/5/21 0:0...	软件技术	False	4845121@qq.com
20160108	方文其	男	1998/6/5 0:00...	软件技术	False	8412563@qq.com
20160109	唐汉	男	1998/4/18 0:0...	计算机应用	False	1546315@qq.com
20160110	刘含斌	男	1998/10/7 0:0...	计算机应用	False	741526@qq.com
20160111	孙双剑	男	1998/2/16 0:0...	计算机应用	False	1545642@qq.com
20160112	邓东	女	1998/5/13 0:0...	计算机应用	True	254955@qq.com
NULL	NULL	NULL	NULL	NULL	NULL	NULL

图 8-13　输入 Student 表样例数据

（3）保存数据。在菜单栏上选择“文件”→“全部保存”命令，保存输入的数据。

（4）重复步骤（1）~（3）的操作，在 Course 和 Result 数据表中输入样例数据，需要注意 Result 表的数据必须遵守外键的规则。

8.3 数据源控件

数据源表示在应用程序中使用的数据的来源，可以是数据库、服务以及对象。例如在 8.2 节中创建的数据库文件 StudentMIS.mdf 就是 StudentMIS 应用网站的数据源。

ASP.NET 提供了专门的数据源控件用以实现网页对数据源的访问，ASP.NET 数据源控件封装了一些针对数据访问、数据存储和执行数据操作的代码。通过数据源控件，网页上的其他控件无需代码也可以连接到数据源，并且从中检索和增加、删除、修改数据。

8.3.1 各类数据源控件

数据源控件可以访问不同类型的数据源，包括数据库、XML 文件或中间层业务对象。.NET Framework 内置了不同类型的数据源控件，包括 SqlDataSource、AccessDataSource、ObjectDataSource、XmlDataSource、LinqDataSource、EntityDataSource 和 SiteMapDataSource，它们的应用范围和使用特点如表 8-4 所示的描述。

表 8-4　ASP.NET 数据源控件

数据源控件	说　明
SqlDataSource	访问 Microsoft SQL Server、OLE DB、ODBC 或 Oracle 数据库，与 SQL Server 一起使用时支持高级缓存功能，当数据作为 DataSet 对象返回时，此控件还支持排序、筛选和分页
AccessDataSource	访问 Microsoft Access 数据库，当数据作为 DataSet 对象返回时，支持排序、筛选和分页
ObjectDataSource	访问业务对象或其他类，以及创建依赖中间层对象管理数据的 Web 应用程序，支持对其他数据源控件不可用的高级排序和分页方案

续表

数据源控件	说　明
XmlDataSource	访问 XML 文件，特别适用于分层的 ASP.NET 服务器控件，如 TreeView 或 Menu 控件；支持使用 XPath 表达式来实现筛选功能，并允许对数据应用 XSLT 转换，允许通过保存更改后的整个 XML 文档来更新数据
LinqDataSource	可以在 ASP.NET 网页中使用语言集成查询（LINQ）从数据对象中检索和修改数据，支持自动生成选择、更新、插入和删除命令，支持排序、筛选和分页
EntityDataSource	绑定基于实体数据模型（EDM）的数据，支持自动生成更新、插入、删除和选择命令，支持排序、筛选和分页
SiteMapDataSource	访问网站站点地图，支持 ASP.NET 站点导航

8.3.2　SqlDataSource 控件

SqlDataSource 数据源控件支持连接 SQL 关系数据库，它使用 SQL 命令来检索和修改数据，可用于 Microsoft SQL Server、OLE DB、ODBC 和 Oracle 数据库。将 SqlDataSource 控件与数据绑定控件一起使用，可以从关系数据库中检索数据，还可以在网页上显示、编辑和排序数据，不必编写代码或只需编写少量代码。

基本语法格式如下。

```
<asp:SqlDataSource ID="控件名称" runat="server"></asp:SqlDataSource>
```

1. 常用属性

- ConnectionString：数据库连接字符串。
- SelectCommand：查询数据 SQL 语句。
- InsertCommand：增加数据 SQL 语句。
- DeleteCommand：删除数据 SQL 语句。
- UpdateCommand：更新数据 SQL 语句。

2. 常用方法

- DataBind()：将数据源绑定到被调用的服务器控件及其所有子控件。
- Select()：执行查询操作。
- Insert()：执行增加操作。
- Delete()：执行删除操作。
- Update()：执行更新操作。

3. 常用事件

- DataBinding：服务器控件绑定到数据源时触发。
- Selecting：数据查询操作之前触发。
- Selected：完成数据查询操作后触发。
- Inserting：新增操作之前触发。
- Inserted：完成新增操作后触发。

- Deleting：删除操作之前触发。
- Deleted：完成删除操作后触发。
- Updateing：更新操作之前触发。
- Updated：完成更新操作后触发。

【例 8-4】使用 SqlDataSource 控件连接到 SQL Server Express LocalDB 数据库文件。

本案例将演示在 Visual Studio 平台中，网页通过数据源控件 SqlDataSource 连接到 StudentMIS 网站中的数据库文件 StudentMIS.mdf 的过程，具体步骤如下。

（1）打开网页 StudentInfo.aspx。

（2）从工具箱的"数据"组中拖放 1 个 SqlDataSource 控件到页面上，并设置其 ID 属性为 sdsStudent。

（3）单击 SqlDataSource 控件右上角的任务按钮 ，出现图 8-14 所示"SqlDataSource 任务"快捷菜单，然后单击"配置数据源"命令。

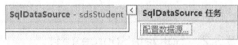

图 8-14　"SqlDataSource 任务"快捷菜单

（4）出现图 8-15 所示的"配置数据源"窗口的"选择数据连接"界面，单击下拉按钮展开下拉列表框，如图 8-16 所示，选择数据库文件名称"StudentMIS.mdf"，然后单击"下一步"按钮。

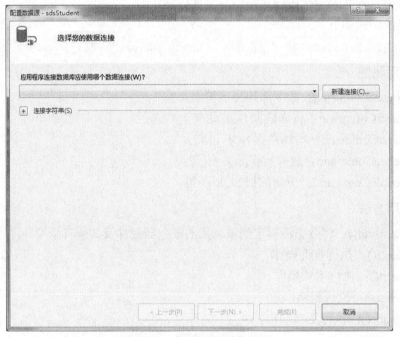

图 8-15　"配置数据源"窗口

图 8-16　展开列表框选项

（5）出现图 8-17 所示的"将连接字符串保存到应用程序配置文件中"界面，勾选"是，将此连接另存为"复选框，并在下面的文本框中输入"cnStudent"，表示在应用程序配置文件中保存该连接名称为"cnStudent",然后单击"下一步"按钮。

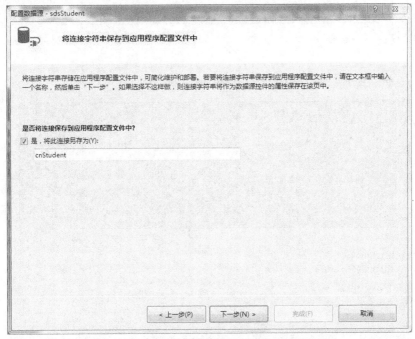

图 8-17　将连接字符串保存到应用程序配置文件中

（6）出现图 8-18 所示的"配置 Select 语句"界面，选择"指定来自表或视图的列"单选按钮，在"名称"下拉列表中选择表名"Student"，在"列"列表框中勾选"*"复选框，表示查询 Student 表中的所有列，然后单击"下一步"按钮。

图 8-18　配置 Select 语句

（7）出现如图 8-19 所示的"测试查询"界面，单击右下侧的"测试查询"按钮。

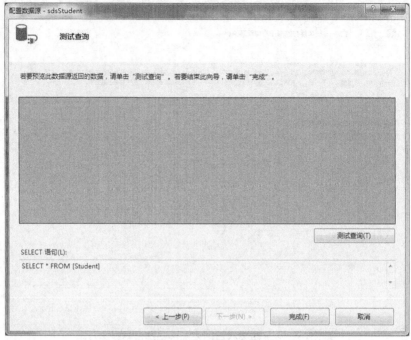

图 8-19　测试查询

（8）显示框中出现查询结果，如图 8-20 所示，表明已经成功连接数据库，单击"完成"按钮。

图 8-20　显示查询结果

步骤（5）中设置了将数据库连接字符串保存到应用程序配置文件中，并将其命名为"cnStudent"。在完成数据库连接后，打开网站应用程序配置文件 Web.config，可以看到以下连接字符串语句。

```
<connectionStrings>
<add name="cnStudent" connectionString="Data Source=(LocalDB)\MSSQLLocalDB;
AttachDbFilename=|DataDirectory|\StudentMIS.mdf;Integrated Security=True
"providerName="System.Data.SqlClient" />
</connectionStrings>
```

如果在 Web.config 文件中保存了连接字符串，网站其他网页中需要连接到同样的数据库时，就无须重新创建新的连接，直接选用即可，在多个页中可以重复使用同一个连接字符串。此外，将连接字符串存储在配置文件中比将连接字符串存储在页面中更安全。

连接字符串中的"|DataDirectory|"代表网站中的 App_Data 文件夹的路径，它以相对路径表示数据库的位置。因此，将网站文件夹复制到别的计算机时，就不会出现路径不对而无法连接数据库的错误。

SqlDataSource 控件连接到数据库以后，就可以使用它为数据绑定控件提供数据，例如 GridView 控件。

8.4　GridView 控件

GridView 控件以表格的形式显示数据，每列表示一个字段，每行表示一条记录，它通过数据源控件自动绑定和显示数据，支持在不编写代码的情况下对数据进行编辑、删除、选择、排序和分页；同时还可以指定自定义列和样式，利用模板创建自定义的用户界面元素来自定义控件的外观和行为。

基本语法格式如下。

```
<asp:GridView ID="控件名称" runat="server"></asp:GridView>
```

1．常用属性
- DataSourceID：绑定的数据源控件的 ID。
- DataSource：绑定的数据对象。
- AllowPaging：是否启用分页功能。
- PageSize：GridView 控件每页显示的记录数。
- AllowSorting：是否启用排序功能。
- DataKeys：GridView 控件数据对象中每行的键值。
- EmptyDataText：数据源不包含任何记录时控件所显示的文本。

2．常用方法
- DataBind()：将数据源绑定到 GridView 控件。

3．常用事件
- DataBinding：控件绑定到数据源时触发。
- DataBound：控件绑定到数据源后触发。

- RowCommand：单击按钮时发生。
- RowCreated：GridView 控件创建一行时触发。
- RowDataBound：数据行绑定数据时触发。
- RowDeleting：单击某一行的删除按钮，GridView 控件删除该行前触发。
- RowDeleted：删除某一行后触发。
- RowUpdateing：单击某一行的更新按钮，GridView 控件更新该行前触发。
- RowUpdated：更新某一行后触发。

8.4.1 数据绑定

通过设置 DataSourceID 属性，数据绑定控件可以关联数据源控件，从而显示相关数据。

【例 8-5】使用 GridView 控件显示学生信息。

本案例演示使用 GridView 控件从 SqlDataSource 控件中获取并显示数据到网页，将 GridView 控件的 DataSourceID 属性设置为 SqlDataSource 控件的 ID 即可将它们关联，具体步骤如下。

（1）打开 Student 文件夹中的网页 StudentInfo.aspx。

（2）从工具箱的"数据"组中拖放 1 个 GridView 控件到页面上，并设置其 ID 属性为 gvStudent、HorizontalAlign 属性为 Center、Font-Size 属性为 Small。

（3）单击 GridView 控件右上角的任务按钮，出现图 8-21 所示的"GridView 任务"快捷菜单，在"选择数据源"下拉列表中选择【例 8-4】中已创建的数据源"sdsStudent"。这样，GridView 控件将显示数据源控件 sdsStudent 所返回的数据。

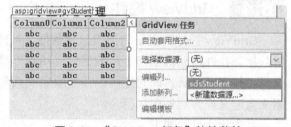

图 8-21 "GridView 任务"快捷菜单

（4）设置 GridView 控件的外观。在 "GridView 任务"快捷菜单中选择"自动套用格式"命令，打开"自动套用格式"对话框，如图 8-22 所示。在左侧窗格中选择主题"传统型"，然后单击"确定"按钮。

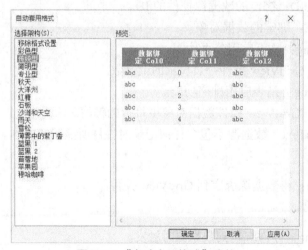

图 8-22 "自动套用格式"窗格

（5）编辑列。在"GridView 任务"菜单中选择"编辑列"命令，打开如图 8-23 所示的"字段"对话框。

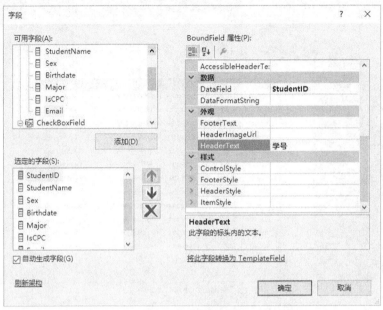

图 8-23 编辑字段

（6）在"选定的字段"列表框中选择 StudentID，并在右侧的属性窗格中，将 HeaderText 属性设置为"学号"，单击 ItemStyle 属性左侧的图标 ▸ 展开属性选项，设置其中的 Width 属性为 70px。然后依次选中各个字段，按照表 8-5 设置属性。设置完毕后，单击"确定"按钮。

表 8-5 GridView 控件字段属性设置

选定的字段	属 性	值	说 明
StudentID	HeaderText	学号	表头文字为"学号"，列宽 70px
	Width	70px	
StudentName	HeaderText	姓名	
Sex	HeaderText	性别	
Birthdate	HeaderText	出生日期	出生日期以短日期格式显示
	DataFormatString	{0:d}	
Major	HeaderText	专业	
IsCPC	HeaderText	是否党员	
Email	HeaderText	电子邮件	

（7）运行页面，如图 8-24 所示，GridView 控件显示了 Student 表中的所有数据行。

图 8-24   学生信息页面运行效果

8.4.2   分页和排序

无须编写任何代码，GridView 控件就可以实现分页和按列排序的功能。

【例 8-6】完善学生信息页面，要求每页显示 8 条信息，并能按照学号、出生日期和专业字段排序。

本案例演示如何使用 GridView 控件自带的分页和排序功能，具体步骤如下。

（1）启用分页。单击 GridView 控件右上角的任务按钮，出现"GridView 任务"快捷菜单，勾选"启用分页"复选框，GridView 控件随即会添加带有页码链接的页脚。

（2）设置每页显示记录数。选中 GridView 控件，在属性面板中设置 PageSize 属性值为 8。如果不指定，PageSize 的默认值为 10。如果数据源包含的记录数大于设定的每页显示行数，可以使用 GridView 控件底部的页导航链接在各页之间翻页。

（3）启用排序。在"GridView 任务"快捷菜单中勾选"启用排序"复选框，GridView 控件中的列标题将变为链接形式，用户单击列标题即按该列的内容排序。

（4）取消字段排序。GridView 启用排序后，所有字段都变为排序字段，本例将取消除学号、出生日期和专业字段之外的排序。在"GridView 任务"快捷菜单中选择"编辑列"命令打开"字段"窗口，同时选定"姓名""性别""是否党员""电子邮件"字段，在右侧属性窗格中将它们的 SortExpression 的属性值清空，则取消了它们的排序。

（5）运行网页，页面效果如图 8-25 所示。学生信息显示区的下部带有数字页码链接，单击可进行翻页；单击学号、出生日期和专业字段的标题链接，可按字段排序。

图 8-25 学生信息页面的分页与排序

8.4.3 主/详信息页

网页可以采用多种方式显示数据，一种最常见的方案是"主/详细信息页"，在一个页面显示主记录信息，在另一个页面中显示某条记录的详细信息。

【例 8-7】实现学生信息管理系统查看学生成绩的功能。

本案例介绍了如何使用 SqlDataSource 控件和 GridView 控件制作主/详信息页，实现查看学生成绩的功能。具体的设计思路是：在【例 8-5】和【例 8-6】制作的学生信息页面的基础上，在每行信息中添加一个"查看成绩"链接，单击该链接即进入成绩查看页面；同时，新建一个网页 Result.aspx，用于显示选中学生的成绩信息。学生信息页即称为主信息页，查看成绩页面就是详信息页。本案例包括以下任务。

- 为学生信息管理页的 GridView 控件添加带参数的链接字段。
- 成绩查看页面的 SqlDataSource 控件创建筛选器，使用带有 WHERE 子句的 SQL 语句参数化查询，返回某个学生的成绩记录。
- 成绩查看页面使用 GridView 控件显示所选学生的成绩信息。

学生成绩页面如图 8-26 所示。

图 8-26　学生成绩页面

具体步骤如下。

（1）打开学生信息管理页 StudentInfo.aspx。

（2）选中"GridView"控件，在"GridView 任务"快捷菜单中选择"编辑列"命令弹出"字段"对话框。

（3）如图 8-27 所示，在"可用字段"列表框中选择"HyperLinkField"节点，然后单击"添加"按钮将其添加到"选定的字段"列表中。

图 8-27　添加"HyperLinkField"字段

（4）如图 8-28 所示，在"选定的字段"列表框中选择刚刚添加的"HyperLinkField"字段，然后在右侧的属性窗格中按照表 8-6 设置 Text、DataNavigateUrlFormatString 和 DataNavigateUrlFields 属性，然后单击"确定"按钮关闭"字段"对话框，GridView 控件中即成功添加了"查看成绩"超链接列。

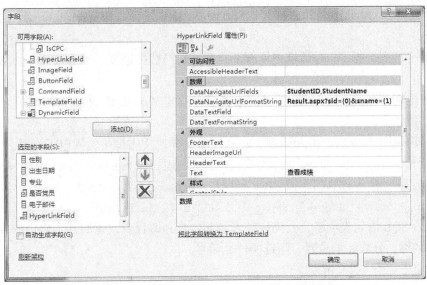

图 8-28 设置"HyperLinkField"字段属性

表 8-6 "HyperLinkField"字段属性设置

属性	值	说 明
Text	查看成绩	链接显示的文本
DataNavigateUrlFormatString	Result.aspx?sid={0}&sname={1}	指定链接的 URL，导航到 Result.aspx 页，传递两个查询字符串变量 sid 和 sname，变量的值将使用 DataNavigate UrlFields 属性中指定的列进行填充。变量 sid 传递学号，变量 sname 传递姓名
DataNavigateUrlFields	StudentID,StudentName	指定链接从 StudentID 和 StudentName 列获取查询字符串变量 sid 和 sname 的值

（5）在 Student 文件夹下，使用母版页 MasterPage.master 新建学生成绩查看网页 Result.aspx。

（6）在 Result.aspx 页面顶部放入 1 个 Label 控件显示标题文字，设置其 ID 属性为 lblTitle，Text 属性为空。

（7）显示页面标题文字。打开 Result.aspx.cs 编码页面，在 Page_Load 事件中输入如下代码。

```
protected void Page_Load(object sender, EventArgs e)
{
    if(Request.QueryString["sid"] !=null)
        lblTitle.Text = Request.QueryString["sid"]+Request.QueryString
["sname"]+"_成绩表";   //获取查询字符串变量传递的学号、姓名，显示页面标题文字
}
```

（8）添加数据源，查询选定学生的成绩记录。拖放 1 个 SqlDataSource 控件到页面

上，设置 ID 属性为 sdsResult，打开"SqlDataSource 任务"快捷菜单，选择"配置数据源"命令。

（9）在"配置数据源"对话框中展开下拉列表选择数据连接"cnStudent"，然后单击"下一步"按钮。

（10）出现"配置 Select 语句"界面，选择"自定义 SQL 语句或存储过程"，然后单击"下一步"按钮。

（11）出现图 8-29 所示的对话框，在"SQL 语句"文本框中输入以下代码。

```
SELECT Result.Mark, Course.CourseName, Result.StudentID FROM Result INNER
JOIN Course ON Result.CourseID = Course.CourseID INNER JOIN Student ON
Result.StudentID = Student.StudentID WHERE (Result.StudentID = @StudentID)
```

上面的 SQL 语句表示联合查询成绩表、学生表和课程表，返回某个学生的成绩记录，包括课程名称、分数和学号列，筛选条件是学号。

然后单击"下一步"按钮。

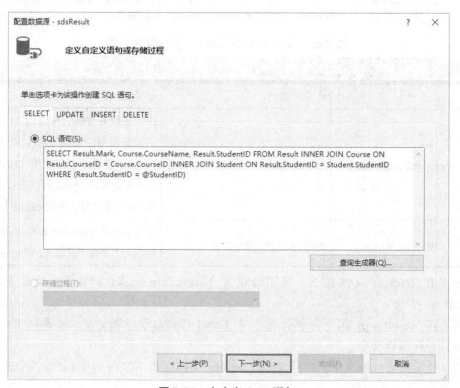

图 8-29 自定义 SQL 语句

（12）出现图 8-30 所示的"定义参数"界面，在"参数源"下拉列表中选择"QueryString"，在"QueryStringField"文本框中输入"sid"，表示数据源按照查询字符串变量 sid 传递的学号来查询信息。然后单击"下一步"按钮，接下来在打开的"测试查询"界面中单击"完成"按钮关闭对话框。

（13）使用 GridView 控件显示成绩记录。拖放 1 个 GridView 控件到页面上，设置 ID 属性为 gvResult，HorizontalAlign 属性为 Center，Width 属性为 300px。

图 8-30　定义查询参数

（14）打开"GridView 任务"快捷菜单，选择数据源为"sdsResult"。

（15）在"GridView 任务"快捷菜单中选择"自动套用格式"命令，在打开的对话框中选择"雪松"样式，然后单击"确定"按钮。

（16）编辑列。在"GridView 任务"菜单中选择"编辑列"命令，打开"字段"对话框。

（17）在"选定的字段"列表框中选择 StudentID 字段，然后单击删除按钮✖，移除学号字段；选择 Coursename 字段，然后单击上移按钮↑，将课程名称列前移，并在属性窗口中设置其 HeaderText 属性为"课程名称"；选择 Mark 字段，设置 HeaderText 属性为"成绩"。设置完毕后，单击"确定"按钮。

（18）运行学生信息管理页面，单击学生信息表格中第一行的"查看成绩"链接，跳转到学生成绩页面，页面如图 8-26 所示，可以查看选定学生（学号为 20160101）所有科目的成绩记录。

8.4.4　编辑数据

　　除了可以显示数据，GridView 控件还支持编辑模式，在编辑模式下用户可以更改选中行的数据。开发人员无须编写代码即可启用 GridView 控件的编辑功能，对关联的数据源进行编辑更新操作。启用编辑功能后，GridView 控件的每一行都将显示一个"编辑"按钮，单击按钮控件即进入编辑模式，用诸如 TextBox 和 CheckBox 等可编辑控件显示每列的数据，同时"编辑"按钮变为"更新"或"保存"按钮，用户单击该按钮就会将更新的数据写回到数据存储区。

【例8-8】完善学生信息页面，制作编辑功能。

本案例演示如何启用 GridView 控件的编辑功能实现学生信息的更新。GridView 控件能够启用编辑功能的前提是，它所绑定的数据源控件支持编辑功能，所以必须首先设置数据源控件支持高级功能。此外，GridView 控件进入编辑模式时，被编辑行通常采用文本框或复选框显示数据，如果默认提供的控件不适合，需要使用其他控件时，必须自定义编辑模板指定布局和控件。

具体步骤如下。

（1）打开学生信息页面 StudentInfo.aspx。

（2）启用 SqlDataSource 控件的高级功能。选中 SqlDataSource 控件 sdsStudent，单击其右上角的任务按钮弹出任务快捷菜单，然后选择"配置数据源"命令。在弹出的"配置数据源"对话框中单击"下一步"按钮。

（3）出现"配置 Select 语句"界面，单击右侧的"高级"按钮。

（4）出现如图 8-31 所示"高级 SQL 生成选项"对话框，勾选"生成 INSERT、UPDATE 和 DELETE 语句"复选框，然后单击"确定"按钮。此时，sdsStudent 控件将生成 Insert、Update 和 Delete 语句。

图 8-31　"高级 SQL 生成选项"对话框

（5）接下来在"配置 Select 语句"界面中单击"下一步"按钮，然后单击"完成"按钮。弹出图 8-32 所示的警告提示对话框，单击"否"按钮。如果选择"是"，前面对 gvStudent 控件所做的所有设置都将清除，所以一般选择"否"。

图 8-32　刷新控件警告窗口

（6）GridView 控件启用编辑。选中 gvStudent 控件，单击其右上角的任务按钮打开任务快捷菜单，勾选"启用编辑"复选框。可以看到，gvStudent 控件的第一列前面加入了"编辑"超链接列，如图 8-33 所示。

图 8-33 "启用编辑"添加"编辑"列

（7）运行网页，单击任意一行的"编辑"超链接，进入编辑视图。如图 8-34 所示，该行除"学号"列外，其他列的数据都用文本框或复选框显示，供用户进行编辑，编辑完数据后，单击"更新"按钮，更新数据。

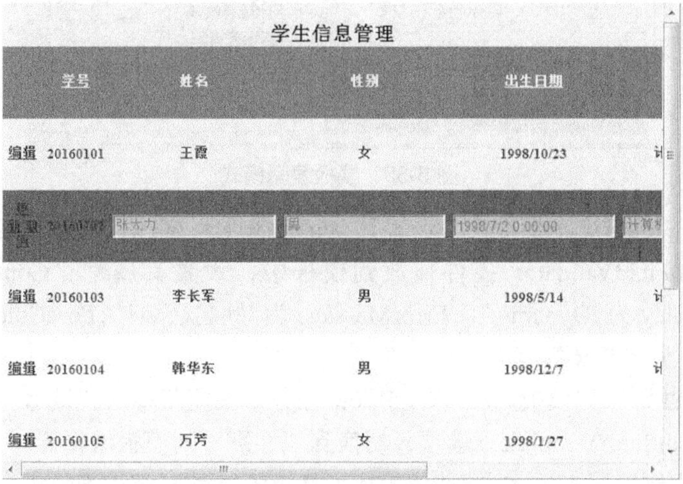

图 8-34　编辑视图

GridView 控件处于编辑模式时，默认使用的输入控件是文本框或复选框，根据实际需要，也可以使用模板对这些输入控件进行自定义。首先将需要自定义的列转化为模板字段 TemplateField，然后在模板编辑模式将其改为需要的控件和内容。

【例 8-9】在【例 8-8】的基础上，自定义 gvStudent 控件的编辑模板，根据需要制作编辑列的内容。

本案例演示如何指定以及自定义 GridView 控件的编辑列。【例 8-8】已经实现了 GridView 控件的编辑功能，本案例将进一步改造编辑界面，自定义各列的编辑模板，具体包括如下任务。

- 将"姓名"列的文本框宽度设置为 60px，并使用必填验证控件检查其为必填项。
- "性别"列使用单选按钮列表控件。
- "出生日期"列使用比较验证控件检查其数据是否为日期类型。

- "专业"列使用下拉列表控件，并且使用数据源填充其列表项。
- "电子邮件"列使用规则验证控件检查其数据是否符合电子邮件模式。

具体步骤如下。

（1）将需要自定义的列转化为 TemplateField 模板字段。选中 gvStudent 控件，在任务快捷菜单中选择"编辑列"命令，打开"字段"对话框。

（2）在"选定的字段"列表框中依次勾选"姓名""性别""出生日期""专业""电子邮件"字段复选框，单击右侧底部的"将此字段转换为 TemplateField"超链接，完成后单击"确定"按钮关闭"字段"对话框。

（3）编辑模板。打开"GridView 任务"快捷菜单，选择"编辑模板"命令，切换到 GridView 控件的模板编辑模式。

（4）如图 8-35 所示，首先编辑"姓名"列模板。在"GridView 任务"快捷菜单的"显示"下拉列表中选择"姓名"列的"EditItemTemplate"选项，GridView 控件随即显示相应的模板编辑器。

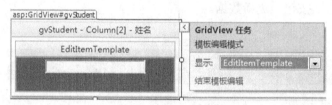

图 8-35　模板编辑模式

（5）在模板中选中文本框控件，设置其 Width 属性为 60px，然后从工具箱的"验证"组中将 RequiredFieldValidator 控件拖放到模板中，设置其属性：ControlToValidate 为"TextBox1"，Display 为"Dynamic"，ErrorMessage 为"姓名必填!"，ForeColor 为"#CC3300"，SetFocusOnError 为"True"。

（6）编辑"性别"列模板。在"GridView 任务"快捷菜单的"显示"下拉列表中选择"性别"列的"EditItemTemplate"选项，切换到"性别"列模板编辑器。

（7）在模板中删除原有的文本框控件，从工具箱的"标准"组中拖放 1 个 RadioButtonList 控件到模板中，设置其 RepeatDirection 属性为"Horizontal"。

（8）单击 RadioButtonList 控件右上角的任务按钮 ▶ 打开任务菜单，选择"编辑项"命令，添加 2 个列表项，设置第一个列表项的 Text 和 Value 属性值为"男"，设置第二个列表项的 Text 和 Value 属性值为"女"，然后单击"确定"按钮。

（9）在 RadioButtonList 控件的任务菜单中选择"编辑 DataBindings"命令。

（10）弹出图 8-36 所示的窗口，在"可绑定属性"列表框中选择"SelectedValue"属性，在"字段绑定"下拉列表中选择绑定到"Sex"字段，然后单击"确定"按钮。

（11）编辑"出生日期"列模板。在"GridView 任务"快捷菜单的"显示"下拉列表中选择"出生日期"列的"EditItemTemplate"选项，切换到"出生日期"列模板编辑器。

（12）在文本框控件的任务菜单中选择"编辑 DataBindings"命令，在"可绑定属性"列表框中选择"Text"属性，在"字段绑定"下拉列表中选择绑定到"BirthDate"字段，"格式"下拉列表中选择"短日期-{0:d}"，然后单击"确定"按钮。

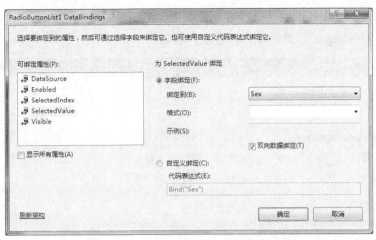

图 8-36 RadioButtonList 控件绑定窗口

（13）从工具箱的"验证"组中拖放 CompareValidator 控件到模板中，设置其属性：ControlToValidate 为"TextBox3"，Display 为"Dynamic"，ErrorMessage 为"日期格式不正确！"，Operator 为"DataTypeCheck"，Type 为"Date"，ForeColor 为"#CC3300"，SetFocusOnError 为"True"。

（14）编辑"专业"列模板。在"GridView 任务"快捷菜单的"显示"下拉列表中选择"专业"列的"EditItemTemplate"选项，切换到"专业"列模板编辑器。

（15）在模板中删除原有的文本框控件，从工具箱的"标准"组拖放 1 个 DropDownList 控件到模板中。

（16）使用数据源填充 DropDownList 控件列表项。在 DropDownList 控件的任务快捷菜单中选择"选择数据源"命令。

（17）打开图 8-37 所示的对话框，在"选择数据源"下拉列表中选中"新建数据源"项。

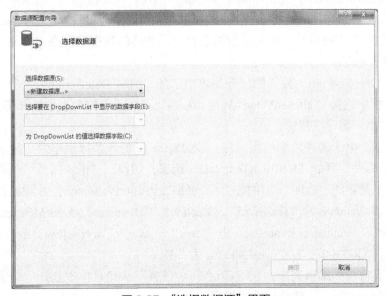

图 8-37 "选择数据源"界面

（18）打开图 8-38 所示的"选择数据源类型"界面，选择"SQL 数据库"项，并指定数据源 ID 为"sdsMajor"，然后单击"确定"按钮。

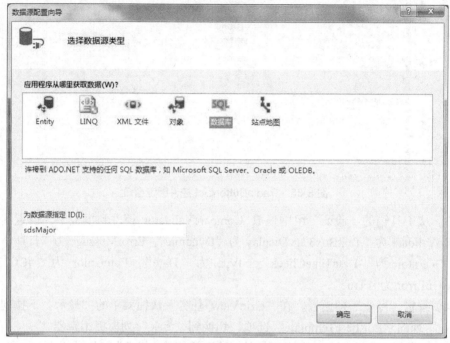

图 8-38 "选择数据源类型"界面

（19）弹出"配置数据源"对话框，选择"cnStudent"，然后单击"下一步"按钮。

（20）出现"配置 Select 语句"界面，选择"指定来自表或视图的列"选项，在"名称"下拉列表中选择表名"Student"，在"列"选择框中勾选"Major"，在窗口右侧勾选"只返回唯一行"，消除重复数据，然后单击"下一步"按钮。

（21）单击"完成"按钮，回到图 8-37 所示的"数据源配置向导"对话框，选择数据源为刚刚创建的"sdsMajor"，将要显示的数据字段和值的数据字段都选择为"Major"，然后单击"确定"按钮。

（22）在 DropDownList 控件的任务菜单中选择"编辑 DataBindings"命令，在"可绑定属性"列表框中选择"SelectedValue"属性，在"字段绑定"下拉列表中选择绑定到"Major"字段，然后单击"确定"按钮。

（23）编辑"电子邮件"列模板。在"GridView 任务"快捷菜单的"显示"下拉列表中选择"电子邮件"列的"EditItemTemplate"选项，切换到"电子邮件"列模板编辑器。

（24）从工具箱的"验证"组中拖放 RegularExpressionValidator 控件到模板中，设置其属性：ControlToValidate 为"TextBox5"，Display 为"Dynamic"，ErrorMessage 为"电子邮件格式不正确！"，ValidationExpression 为"\w+([-+.']\w+)*@\w+([-.]\w+)*\.\w+([-.]\w+)*"，ForeColor 为"#CC3300"，SetFocusOnError 为"True"。

（25）所有模板列编辑完毕，在"GridView 任务"快捷菜单中选择"结束模板编辑"命令，切换回 GridView 控件只读模式视图。

（26）运行网页，单击某行的"编辑"链接，进入编辑视图，如图 8-39 所示，可以看到各列都按照定义的编辑模板进行显示，编辑完数据后，单击"更新"超链接，更新数据。

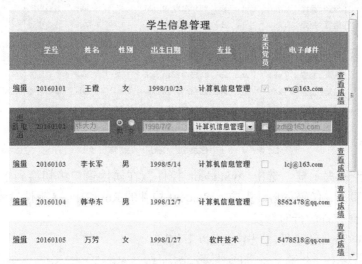

图 8-39　编辑模板后的编辑视图

模板中的控件都是使用数据绑定的方式呈现数据源中的数据，例如步骤（10）的操作中，将 RadioButtonList 控件的 SelectedValue 属性绑定到 Sex 字段，从而让性别单选按钮列表可以得到和显示"性别"数据；步骤（12）中，将文本框控件的 Text 属性绑定到 BirthDate 字段从而得到"出生日期"数据；同样，模板中的"专业"下拉列表和"电子邮件"文本框也都通过数据绑定来获取对应字段的数据。编辑模式中采用的是双向数据绑定，即双向读写，也可以把控件上的数据更新到数据源中。

8.4.5　删除数据

GridView 控件还支持删除模式，可以从数据源中删除当前行。开发人员无须编写任何代码就可以添加删除功能。启用删除后，GridView 控件在每一行都会显示一个"删除"超链接，用户单击时，在数据源中删除该行并重新显示网格。

【例 8-10】制作学生信息页面删除功能。

本案例演示如何启用 GridView 控件的删除功能，实现学生信息记录的删除。与编辑功能一样，必须首先设置数据源控件支持高级功能，GridView 控件才能启用删除。在【例 8-8】中，控件绑定的 SqlDataSource 控件已经启用了高级功能，可以支持增、删、改的数据源操作，所以本案例中 GridView 控件直接启用删除功能即可，操作与启用编辑功能类似。

需要特别注意的是，使用 GridView 控件删除数据是永久性的，不能撤销操作，所以为了避免误操作，在程序中必须为删除操作添加警告提示，让用户确认是否真正执行删除操作。

具体步骤如下。

（1）GridView 控件启用删除功能。选中 gvStudent 控件，在"GridView 任务"快捷菜单上中勾选"启用删除"复选框。完成后，gvStudent 控件的"编辑"列后面加入了"删除"超链接列，如图 8-40 所示。

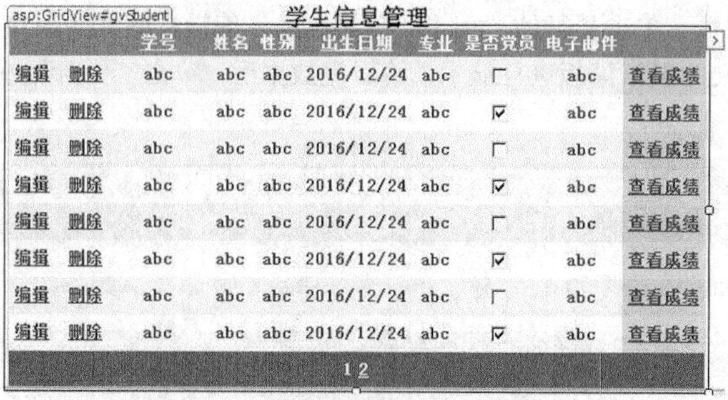

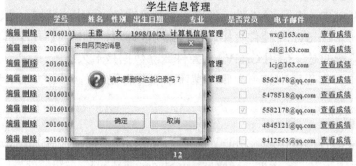

图 8-40 "启用删除"添加"删除"列

（2）添加警告提示框。选中 gvStudent 控件，在属性窗口中切换到事件面板，双击 "RowCreated"事件，代码页自动生成 gvStudent 控件的 RowCreated 事件过程框架，该事件在创建 gvStudent 控件的行时触发。

（3）在 RowCreated 事件过程中加入以下代码。

```
protected void gvStudent_RowCreated(object sender, GridViewRowEventArgs e)
{
    //如果正在创建的行是一个数据行，为"删除"超链接附加一个确认框
    if (e.Row.RowType == DataControlRowType.DataRow)
    {
        //第 1 列 Cells[0]中的第 3 个控件即是"删除"超链接（前面有"更新"和"取消"
两个超链接）
        LinkButton lnkDel = (LinkButton)e.Row.Cells[0].Controls[2];
        if (lnkDel.Text == "删除")
            lnkDel.Attributes["onclick"] = "return confirm('确实要删除这条记
录吗？')";
    }
}
```

（4）运行网页，单击任一行的"删除"超链接，弹出提示框如图 8-41 所示，用户单击 "确定"按钮，则删除所选记录；单击"取消"按钮，则取消删除操作。

学生信息管理

图 8-41 确认删除提示框

148

8.5 详情数据控件

GridView 控件功能强大，用表格的形式显示数据并能进行分页、排序，它自带编辑与删除功能，但是没有提供新增功能，通常使用另外的数据绑定控件 DetailsView 或者 FormView 来实现新增数据，下面介绍这两个控件。

8.5.1 DetailsView 控件

DetailsView 控件以表格的形式一次呈现一条数据记录，默认情况下，DetailsView 控件的一行显示记录的一个字段，它不支持排序，可以通过分页提供多条记录的翻阅。DetailsView 控件还提供插入、更新和删除记录的功能，当 DetailsView 控件绑定的数据源控件支持增、删、改操作时，控件的"DetailsView 任务"菜单中即会出现"启用插入""启用编辑"和"启动删除"复选框，勾选就可以启用相应功能。

基本语法格式如下。

```
<asp:DetailsView ID="控件名称" runat="server"></asp:DetailsView>
```

1．常用属性

● DataSourceID：绑定的数据源控件的 ID。

● DataSource：绑定的数据对象。

● AllowPaging：是否启用分页功能。

● DataKey：信息记录的主键。

● DefaultMode：控件的默认数据输入模式，取值为 ReadOnly、Insert 和 Edit，默认值是 ReadOnly。ReadOnly 表示只读模式，Insert 表示新增模式，Edit 表示编辑模式。

● EmptyDataText：数据源不包含任何记录时控件所显示的文本。

2．常用方法

● DataBind()：将数据源绑定到控件。

3．常用事件

● DataBinding：Details View 控件绑定到数据源时触发。

● DataBound：Details View 控件绑定到数据源后触发。

● ItemCommand：单击 Details View 控件中的任一按钮时发生。

● ItemCreated：Details View 控件创建记录时触发。

● ItemInserting：单击"新增"超链接按钮，DetailsView 控件新增记录前触发。

● ItemInserted：新增记录后触发。

● ItemDeleting：单击"删除"超链接按钮，DetailsView 控件删除记录前触发。

● ItemDeleted：删除记录后触发。

● ItemUpdateing：单击"更新"超链接按钮，DetailsView 控件更新记录前触发。

● ItemUpdated：更新记录后触发。

DetailsView 控件的内部机制与 GridView 控件相同，通常用于更新和插入新记录。它绑定 SqlDataSource 控件显示数据、编辑数据、自定义编辑模板、删除数据的操作都与 GridView

控件相同。下面介绍 DetailsView 控件的新增记录操作。

【例 8-11】使用 DetailsView 控件添加学生信息。

本案例演示如何使用 DetailsView 控件新增数据记录。默认情况下，DetailsView 控件处于只读模式显示数据，可以设置其 DefaultMode 属性来指定处于编辑或新增模式。处于新增模式时，DetailsView 控件会在用户界面上为每个绑定字段呈现相应的输入控件，用户输入完数据后单击"插入"按钮，新的记录将添加到数据源中。

DetailsView 控件提供的用户输入控件默认为文本框或复选框，与 GridView 控件一样，可以通过模板自定义用户界面。本案例需要自定义多个字段的新增模板，具体如下。

● 将"学号"字段的文本框宽度设置为 60px，使用必填验证控件检查其为必填项，并使用范围验证控件检查其有效性。

● "姓名"字段的文本框宽度设置为 60px，并使用必填验证控件检查其为必填项。

● "性别"字段使用单选按钮列表控件，使用必填验证控件检查其为必填项。

● "出生日期"字段使用比较验证控件检查其数据是否为日期类型。

● "专业"字段使用下拉列表控件，并且使用数据源填充其列表项。

● "电子邮件"字段使用模式验证控件检查其数据是否符合电子邮件模式。

具体步骤如下。

（1）在 Student 文件夹下，使用母版页 MasterPage.master 新建网页 AddStudent.aspx，在页面顶部输入页面标题文字"添加学生信息"。

（2）配置数据源。从工具箱的"数据"组中拖放 1 个 SqlDataSource 控件到页面上，并设置其 ID 属性为 sdsStudent。

（3）在"SqlDataSource 任务"快捷菜单中选择"配置数据源"命令，打开"配置数据源"对话框，选择数据连接为"cnStudent"，单击"下一步"按钮。

（4）在"配置 Select 语句"界面中选择"指定来自表或视图的列"选项，在"名称"下拉列表中选择表名"Student"，在"列"选择框中勾选"*"选项。

（5）单击窗口右侧的"高级"按钮，弹出"高级 SQL 生成选项"对话框，勾选"生成 INSERT、UPDATE 和 DELETE 语句"复选框，然后单击"确定"按钮关闭窗口。

（6）回到"配置 Select 语句"界面，然后单击"下一步"按钮，接下来单击"完成"按钮。

（7）从工具箱的"数据"组中拖放 1 个 DetailsView 控件到页面上，设置 ID 属性为 dvStudent、HorizontalAlign 属性为 Center，Font-Size 属性为 Small，Width 属性为 300px。

（8）选择数据源。单击 DetailsView 控件右上角的任务按钮 ▷ 打开"DetailsView 任务"快捷菜单，在"选择数据源"列表中选择"sdsStudent"。

（9）设置控件外观。在"DetailsView 任务"菜单中选择"自动套用格式"，在左侧窗口中选择主题"传统型"，然后单击"确定"按钮。

（10）启用新增功能。在"DetailsView 任务"菜单中勾选"启用插入"复选框。

（11）设置控件默认模式为新增。选中 DetailsView 控件，在属性窗格中设置 DefaultMode 属性值为 Insert，页面打开时 DetailsView 控件将直接呈现为新增模式，每一行显示空白文本框或复选框。

（12）编辑列。在"DetailsView 任务"菜单上中选择"编辑字段"命令打开"字段"对话框，在"选定的字段"窗格中依次选中各个字段，在右侧的属性窗格中将它们的 HeaderText 属性分别设置为"学号""姓名""性别""出生日期""专业""是否党员"和"电子邮件"，并且单击窗格右侧底部的"将此字段转换为 TemplateField"超链接，将除了"是否党员"以外的其他字段全部都转换为模板字段。完成后单击"确定"按钮关闭"字段"对话框。

（13）编辑模板。打开"DetailsView 任务"快捷菜单，选择"编辑模板"命令，切换到 DetailsView 控件的模板编辑模式。

（14）首先编辑"学号"字段的新增模板。在"DetailsView 任务"快捷菜单的"显示"下拉列表中，选中"学号"字段的"InsertItemTemplate"选项，切换到模板编辑器，在模板中选中文本框控件，设置其 Width 属性为 60px。

（15）然后从工具箱的"验证"组中将 RequiredFieldValidator 控件拖放到模板中，设置其属性：ControlToValidate 为"TextBox1"，Display 为"Dynamic"，ErrorMessage 为"学号必填!"，ForeColor 为"#CC3300"，SetFocusOnError 为"True"。

（16）然后从工具箱的"验证"组中将 RangeValidator 控件拖放到模板中，设置其属性：ControlToValidate 为"TextBox1"，Type 为"Integer"，MinimumValue 为"20000001"，MaximumValue 为"20509999"，Display 为"Dynamic"，ErrorMessage 为"输入的学号无效!"，ForeColor 为"#CC3300"，SetFocusOnError 为"True"。

（17）编辑"姓名"字段新增模板。选择"姓名"字段的"InsertItemTemplate"选项，按照【例 8-9】中的第（5）步骤操作。

（18）编辑"性别"字段新增模板。选择"性别"字段的"InsertItemTemplate"选项，按照【例 8-9】中的第（7）~（10）步骤操作。然后，拖放 RequiredFieldValidator 控件到模板中，设置其属性：ControlToValidate 为"RadioButtonList1"，Display 为"Dynamic"，ErrorMessage 为"性别必填!"，ForeColor 为"#CC3300"，SetFocusOnError 为"True"。

（19）编辑"出生日期"字段新增模板。选择"出生日期"字段的"InsertItemTemplate"选项，按照【例 8-9】中的第（12）~（13）步骤操作。

（20）编辑"专业"字段新增模板。选择"专业"字段的"InsertItemTemplate"选项，按照【例 8-9】中的第（15）~（23）步骤操作。

（21）编辑"电子邮件"字段新增模板。选择"电子邮件"字段的"InsertItemTemplate"选项，按照【例 8-9】中的第（25）步骤操作。

（22）所有字段的模板编辑完毕，在"DetailsView 任务"快捷菜单中选择"结束模板编辑"命令。

（23）运行网页，页面如图 8-42 所示。正确输入各项信息后单击"插入"超链接，数据即可成功添加到数据库。

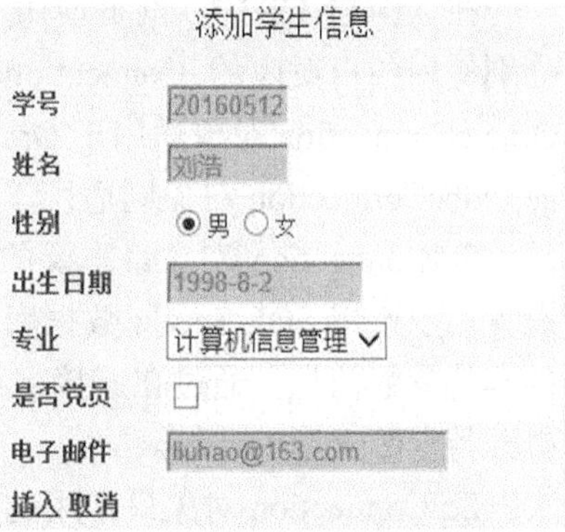

图 8-42 编辑模板后的新增视图

8.5.2 FormView 控件

FormView 控件在功能上与 DetailsView 控件类似，它一次显示数据源中的一条记录，

ASP.NET 动态 Web 开发技术

并提供翻阅多条记录以及插入、更新和删除记录的功能。但 FormView 控件并没有指定用于显示记录的预定义布局，它允许开发人员通过定义模板自行创建界面布局，通过使用模板可以完全控制数据的布局和外观。其操作过程是，在"FormView 任务"菜单中选择"编辑模板"，进入模板编辑模式，"显示"下拉列表中的"ItemTemplate""EditItemTemplate"和"InsertItemTemplate"分别代表控件的显示、编辑和新增模板，选择某个模板进入模板编辑器，自定义布局和控件即可。

8.6 ADO.NET 编程

8.6.1 ADO.NET 概述

ADO.NET 在.NET Framework 中提供了最直接的数据访问方法。如果在应用程序中不适合使用数据源控件，可以使用 ADO.NET 类自行编码访问数据源。ADO.NET 类位于 System.Data 命名空间中，对 Microsoft SQL Server 数据访问的类位于 System.Data.SqlClient 命名空间中，包含多个数据访问组件用于连接数据源、执行命令和检索结果。表 8-7 介绍了 ADO.NET 的核心组件对象。

表 8-7 ADO.NET 核心组件对象

组件对象	说　明
Connection	提供到数据源的连接
Command	对数据源执行命令
DataReader	从数据源中读取只进且只读的数据流
DataAdapter	在数据源和 DataSet 对象之间起到桥梁作用，它使用数据源填充 DataSet，并可以更新数据
DataSet	表示一个存放于内存中的数据缓存

8.6.2 Connection 对象

在 ADO.NET 中，网页使用 Connection 对象连接特定的数据源。数据源根据类型不同分别使用各自对应的 Connection 对象，SqlConnection 对象适用于 SQL Server 数据库，OracleConnection 对象适用于 Oracle 数据库，OleDbConnection 对象适用于 OLE DB 数据源，而 OdbcConnection 对象则适用于 ODBC 数据源。

SqlConnection 对象最重要的属性是 ConnectionString 属性，即连接字符串，它获取或设置用于连接 SQL Server 数据库的字符串，其中包含源数据库名称和建立初始连接所需要的其他参数信息。通过在连接字符串中提供必要的身份验证信息，SqlConnection 对象可以打开特定数据源的连接。

SqlConnection 对象最常用的方法是 Open()和 Close()方法，分别用于打开和关闭数据库连接。

如果直接在应用程序代码中写入连接字符串，可能会导致安全漏洞和维护问题，所以推荐的方式是将连接字符串保存在配置文件 Web.config 中，在 Web.config 文件中存储连接信息后，多个网页可以重复使用这些信息处理多个数据控件实例，同时具有更高的安全性，应用程序可以用编程的方式按名称获取连接字符串。ASP.NET 提供了一个配置类 ConfigurationManager，该管理器可以使用 Web 服务器上的配置文件，并允许以编程方式访问配置文件节点。下面的示例代码介绍了如何从配置文件中获取连接字符串，其中的 cnStudent 就是在【例 8-4】中保存到 Web.config 文件中的数据库连接字符串的名称。

```
ConfigurationManager.ConnectionStrings["cnStudent"].ToString()
```

下面的代码展示如何使用 SqlConnection 对象建立到 Microsoft SQL Server 数据源的连接：

```
String cnStr=ConfigurationManager.ConnectionStrings["cnStudent"].ToString();
                                    //获取连接字符串
SqlConnection cn=new SqlConnection(cnStr); //使用连接字符串创建数据库连接对象
cn.Open();                                  //打开数据库连接
```

8.6.3　Command 对象

建立与数据源的连接后，可以使用 Command 对象执行命令，新增、更新和删除数据库中存储的数据或是从数据源返回结果。Command 对象可以执行 SQL 语句或存储过程，SqlCommand 是适用于 SQL Server 数据库的 Command 对象。

SqlCommand 对象使用 CommandText 属性指定执行的 SQL 语句或存储过程，CommandType 属性说明命令的执行类型，默认为执行 SQL 语句。Connection 属性指定使用的数据源连接对象，Parameters 属性配置命令语句中的参数。

SqlCommand 对象最常用的方法包括 ExecuteNonQuery()、ExecuteReader() 和 ExecuteScalar()。ExecuteNonQuery()方法对数据源执行命令并返回受影响的行数，ExecuteReader()执行查询并返回 SqlDataReader 对象，ExecuteScalar()执行查询并从数据库查询中返回单个值。

【例 8-12】删除学生信息时，同时删除该学生的成绩记录。

【例 8-10】中实现了删除学生信息记录的功能，但对该生相关联的成绩记录并未做任何处理，会导致成绩数据表中遗留许多垃圾记录，对系统产生不利影响。所以，在删除某个学生的基本信息时，应当同时删除该生的成绩记录。本案例将使用 SqlConnection 对象和 SqlCommand 对象，编程实现数据表记录的删除。

具体步骤如下。

（1）打开学生信息页 StudentInfo.aspx。

（2）选中 GridView 控件，在属性面板中单击事件按钮 ⚡ 切换到事件窗口，双击 RowDeleting 事件进入代码页面。

（3）在代码页面顶部输入以下代码引用命名空间。

```
using System.Data;
using System.Data.SqlClient;
using System.Configuration;
```

（4）在 gvStudent_RowDeleting 事件中输入以下代码。

```
//在 GridView 控件删除某个学生信息记录之前，删除该学生的成绩记录
protected void gvStudent_RowDeleting(object sender, GridViewDeleteEventArgs e)
```

```
    {
        SqlConnection cn = new SqlConnection(ConfigurationManager.Connection
Strings["cnStudent"].ToString());                    //创建数据源连接对象
        string Sql = "delete from Result where StudentID=@sid";  //定义 Sql 语
句，删除某学号学生的成绩记录
        SqlCommand cmd = new SqlCommand(Sql, cn);  //创建命令对象
        cmd.Parameters.AddWithValue("@sid",
gvStudent.DataKeys[e.RowIndex].Value.ToString()); //为命令对象参数 "学号" 赋值，
其值等于删除行的主键值
        cn.Open();                                   //打开数据库连接
        cmd.ExecuteNonQuery();                       //执行命令语句
        cn.Close();                                  //关闭数据库连接
    }
```

（5）运行页面，单击第一行学生信息的删除按钮，确认删除后，第一行学生信息被删除。在 "服务器资源管理器" 窗格中选择 Result 表并显示数据，可以看到该学生的所有成绩记录已经被删除。

上面的案例演示了如何使用 ADO.NET 对象删除数据库记录，对于新增和修改数据，也是同样的编程模式，使用 SqlCommand 对象执行命令，只是指定不同的 SQL 语句而已。如果需要从数据源读取并返回数据，则还需要使用 DataReader 对象。

8.6.4 DataReader 对象

使用 DataReader 对象可以从数据库检索只读、只进的数据流。通过调用 Command 对象的 ExecuteReader() 方法，在执行查询时将生成一个 DataReader 对象，它返回查询结果，并存储在客户端的网络缓冲区中。使用 DataReader 的 Read() 方法可以从查询结果中获取数据行，使用列的名称或序号来引用返回行的每一列。使用 DataReader 可以提高应用程序的性能，因为它提供未缓冲的数据流，并且一次只在内存中存储一行数据，减少了系统开销，所以在检索大量数据时，DataReader 是一种合适的选择。

【例 8-13】按学号查询学生信息。

本案例使用 SqlCommand 对象和 SqlDataReader 对象查询数据库并返回查询结果。用户输入一个学号，页面按该学号执行查询，并显示返回的数据。如果查询不到该学号的学生信息，则进行提示。

具体步骤如下。

（1）在 Student 文件夹下，使用母版页 MasterPage.master 新建查询学生信息网页 Search.aspx，在页面顶部中间输入标题文字 "查询学生信息"。

（2）在页面上放入 1 个 TextBox、RequiredField Validator、RangeValidator、Button 和 Label 控件，界面设计如图 8-43 所示，并按照表 8-8 设置属性。

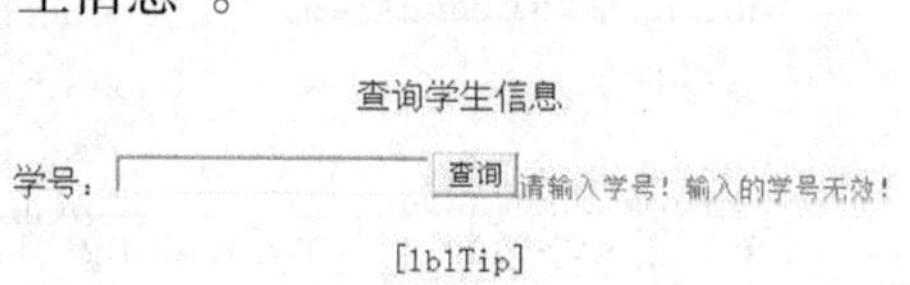

查询学生信息

学号： [____] [查询] 请输入学号！ 输入的学号无效！

[lblTip]

图 8-43 按学号查询学生信息界面

表 8-8　查询学生信息页面控件属性设置

控　件	属　性	值	说　明
TextBox	ID	txtID	学号文本框
RequiredFieldValidator	ID	ValrID	检查学号文本框必填
	ControlToValidate	txtID	
	Display	Dynamic	
	ErrorMessage	请输入学号！	
	Font-Size	Small	
	ForeColor	#FF3300	
	SetFocusOnError	True	
RangeValidator	ID	valgID	检查学号文本框的输入数据必须在指定范围内
	ControlToValidate	txtID	
	MaximumValue	20509999	
	MinimumValue	20000001	
	Type	Integer	
	Display	Dynamic	
	ErrorMessage	输入的学号无效！	
	Font-Size	Small	
	ForeColor	#FF3300	
	SetFocusOnError	True	
Button	ID	btnSearch	"查询"按钮
	Text	查询	
Label	ID	lblTip	提示文本标签
	Text	（空）	

（3）在代码页面顶部输入以下代码引用命名空间。

```
using System.Data;
using System.Data.SqlClient;
using System.Configuration;
```

（4）双击 Button 控件，生成 btnSearch_Click 事件处理框架，输入以下代码。

```
protected void btnSearch_Click(object sender, EventArgs e)
{
    SqlConnection cn = new SqlConnection(ConfigurationManager.Connection
Strings["cnStudent"].ToString());                    //创建数据源连接对象
```

```
    string Sql = "select * from Student where StudentID=@sid";  //定义 Sql
语句，查询某学号的学生信息
    SqlCommand cmd = new SqlCommand(Sql, cn);       //创建命令对象
    cmd.Parameters.AddWithValue("@sid", txtID.Text); //为命令对象参数 "学号" 赋值
    cn.Open();                                //打开数据库连接
    SqlDataReader dr = cmd.ExecuteReader();      // 执 行 命 令 读 取 数 据 ， 生 成
SqlDataReader 对象 dr
    if (dr.HasRows)                           //如果当前查询结果集返回了记录
    {
        while (dr.Read())                     //读取一行记录
        {
            lblTip.Text += "学号: " + dr.GetString(0) + "<br/><br/>";
                                              //读取学号列的值
            lblTip.Text += "姓名: " + dr.GetString(1) + "<br/><br/>";
            lblTip.Text += "性别: " + dr.GetString(2) + "<br/><br/>";
            lblTip.Text += "出生日期: " + dr.GetDateTime(3) + "<br/><br/>";
            lblTip.Text += "专业: " + dr.GetString(4) + "<br/><br/>";
            lblTip.Text += "是否党员: " + dr.GetBoolean(5) + "<br/><br/>";
            lblTip.Text += "电子邮件: " + dr.GetString(6) + "<br/><br/>";
        }
    }
    else
    {
        lblTip.Text="该学号的学生信息不存在! ";
    }
    dr.Close();                               //关闭 SqlDataReader 对象
    cn.Close();                               //关闭数据库连接
}
```

上述代码使用 SqlDataReader 对象检索数据，在读取数据之前，先用它的 HasRows 属性确定 SqlDataReader 对象是否返回了结果。使用 Read()方法每次读取一行记录，然后用 GetString()、GetDateTime()等方法按照序号来引用返回行中的每一列数据。

需要注意的是，当 SqlDataReader 打开时，它是以独占的方式使用数据源，所以在每次使用完 SqlDataReader 对象后都应该调用 Close()方法将其关闭。

（5）运行网页，在 "学号" 文本框中输入需要查询的学号，然后单击 "查询" 按钮，页面将显示查询到的各项数据，页面如图 8-44 所示。

图 8-44　按学号查询学生信息

8.6.5 DataSet 和 DataAdapter 对象

ADO.NET 还提供了另外一种访问和更新数据库的方式，那就是使用 DataAdapter 对象和 DataSet 对象。DataAdapter 对象通过 Connection 对象连接到数据源，并使用 Command 对象从数据源检索数据，填充 DataSet 中的表，同时也可以将 DataSet 所做的更改解析回数据源。DataSet 则是数据驻留在内存中的表示形式，表示包括相关表、约束和表间关系在内的整个数据集。

【例 8-14】按专业查询学生信息。

本案例使用 SqlDataAdapter 对象和 DataSet 对象访问数据库，用户在"专业"下拉列表中选择专业后，页面显示相应专业所有学生的信息。"专业"下拉列表中的列表项使用数据源控件填充，并编码添加"请选择专业："列表项。页面使用 GridView 控件显示查询返回的数据。

具体步骤如下。

（1）打开学生信息查询网页 Search.aspx，在页面上继续放入 DropDownLiist 控件和 GridView 控件，界面设计如图 8-45 所示，并按照表 8-9 设置控件属性。

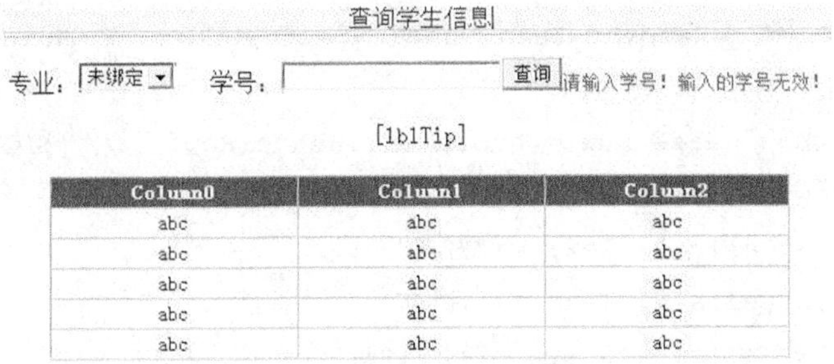

图 8-45 学生信息查询页界面设计

表 8-9 按专业查询学生信息页面控件属性设置

控 件	属 性	值	说 明
DropDownLiist	ID	ddlMajor	"专业"下拉列表
	AutoPostBack	True	
GridView	ID	gvStudent	显示学生信息
	HorizontalAlign	Center	
	Width	600px	
	Font-Size	Small	

（2）设置 GridView 控件的外观。在"GridView 任务"菜单中选择"自动套用格式"，在左侧窗格中选择主题"传统型"，然后单击"确定"按钮。

（3）使用数据源填充 DropDownList 控件列表项，按照【例 8-9】的步骤第（16）~（22）操作。

（4）在"专业"下拉列表中添加"请选择专业："列表项。进入后台代码页，在 Page_Load

ASP.NET 动态 Web 开发技术

事件处理程序中输入以下代码。

```
protected void Page_Load(object sender, EventArgs e)
{
    if (!IsPostBack)
    {
        ddlMajor.DataBind();      //DropDownList 控件绑定数据源填充专业列表项
        ddlMajor.Items.Insert(0, new ListItem("请选择专业: ", ""));     //添
加列表项"请选择专业: ", 并设置为首项
        ddlMajor.SelectedIndex = 0;    //默认首项为选中项
    }
}
```

（5）设置 GridView 控件标题行列名。选中 GridView 控件 gvStudent，在属性面板中单击事件按钮 ⚡ 切换到事件，双击 DataBound 事件进入代码页面，输入 gvStudent_DataBound 事件代码如下。

```
//GridView 控件绑定数据时, 设置标题行的列名
protected void gvStudent_DataBound(object sender, EventArgs e)
{
    GridViewRow headerRow = gvStudent.HeaderRow;    //获得标题行
    headerRow.Cells[0].Text = "学号";                //设置第一列标题为"学号"
    headerRow.Cells[1].Text = "姓名";
    headerRow.Cells[2].Text = "性别";
    headerRow.Cells[3].Text = "出生日期";
    headerRow.Cells[4].Text = "专业";
    headerRow.Cells[5].Text = "是否党员";
    headerRow.Cells[5].Text = "电子邮件";
}
```

（6）按专业显示学生信息。双击 DropDownList 控件进入代码页面，在 ddlMajor_SelectedIndexChanged 事件中输入以下代码。

```
//用户在下拉列表中选择专业后, 查询并显示该专业的学生信息
protected void ddlMajor_SelectedIndexChanged(object sender, EventArgs e)
{
    if (ddlMajor.SelectedIndex != 0)       //用户选择了某个专业
    {
        SqlConnection  cn  =  new  SqlConnection(ConfigurationManager.
ConnectionStrings["cnStudent"].ToString());    //创建数据源连接对象
        string Sql = "select * from Student where major=@mj";
        SqlDataAdapter da = new SqlDataAdapter(Sql, cn);
                                        //创建 SqlDataAdapter 对象
        da.SelectCommand.Parameters.AddWithValue("@mj",
```

158

```
ddlMajor.SelectedValue);      //设置 SqlDataAdapter 对象 SelectCommand 命令语句的参
数值为所选专业
            DataSet ds = new DataSet();       //创建数据集对象
            da.Fill(ds);     //SqlDataAdapter 对象查询返回结果填充 DataSet
            gvStudent.DataSource = ds;        //设置数据集 ds 为 GridView 控件的数据源
            gvStudent.DataBind();             //GridView 控件绑定数据
            gvStudent.Visible = true;
        }
        else
        {
            gvStudent.Visible = false;
        }
    }
```

在上述代码中，DataAdapter 对象的 SelectCommand 属性是一个 Command 对象，用于从数据源中检索数据，DataAdapter 的 Fill()方法使用 SelectCommand 的查询结果填充 DataSet。Fill()方法将隐式地打开 Connection，并在工作完成时自动关闭连接，所以代码中不需要显式打开和关闭 Connection。

（7）运行网页，在下拉列表中选择某个专业后，页面显示该专业所有学生的信息，页面如图 8-46 所示。

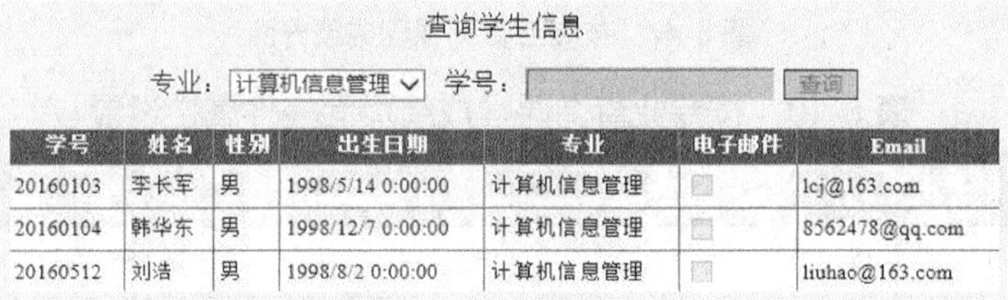

学号	姓名	性别	出生日期	专业	电子邮件	Email
20160103	李长军	男	1998/5/14 0:00:00	计算机信息管理		lcj@163.com
20160104	韩华东	男	1998/12/7 0:00:00	计算机信息管理		8562478@qq.com
20160512	刘浩	男	1998/8/2 0:00:00	计算机信息管理		liuhao@163.com

图 8-46　按专业查询学生信息

DataSet 与现有数据源的交互通过 DataAdapter 来控制，DataSet 是专门为独立于任何数据源的数据访问而设计的，它可以用于多种不同的数据源、XML 数据，或者应用程序本地数据。

在应用程序中选用 DataReader 或者 DataSet 时需要考虑其使用特点，如果只需要读取查询结果，使用 DataReader 可以具有更高的性能；如果要将数据缓存在本地进行处理或组合关联来自多个源的数据，则必须使用 DataSet 才能提供这些功能。

8.7 实践演练

下面实现一个较复杂的查询功能，将综合运用本章所学的数据源控件和数据控件、数据绑定技术以及 ADO.NET 编程技术。

【例 8-15】按照专业和课程名称，查询指定专业学生的指定课程的成绩。

8.7.1 问题分析

实现本案例的功能需要考虑以下几个问题。

（1）"专业"下拉列表的列表项数据来自 Student 数据表的 Major 列的值，使用数据源绑定的方式填充。

（2）课程名称可以多选，所以采用 CheckBoxList 控件显示，各列表项的数据来自 Course 数据表的 CourseName 列的值，使用数据源绑定的方式填充。

（3）使用 SqlDataAdapter 对象结合 DataSet 对象访问数据库中的数据，查询某专业某课程的成绩。

8.7.2　制作实现

具体步骤如下。

（1）在 Student 文件夹下，使用母版页 MasterPage.master 新建查询专业课程成绩网页 MajorResults.aspx，在页面顶部中间输入标题文字"查询专业课程成绩"。

（2）在页面放置 DropDownList 控件、CheckBoxList 控件、GridView 控件、Button 控件和 Label 控件，界面设计如图 8-47 所示，并按照表 8-10 设置控件属性。

图 8-47　按专业查询课程成绩界面

表 8-10　按专业查询课程成绩页面控件属性设置

控　件	属　性	值	说　明
DropDownList	ID	ddlMajor	选择专业
CheckBoxList	ID	cblCourse	选择课程
	RepeatDirection	Horizontal	
	RepeatColumns	4	
	RepeatLayout	Flow	
GridView	ID	gvResult	显示成绩
	HorizontalAlign	Center	
	Width	600px	
	Font-Size	Small	
Button	ID	btnSearch	查询按钮
	Text	查询	
Label	ID	lblMessage	显示错误信息
	Text	（空）	

（3）设置 GridView 控件的外观。在"GridView 任务"菜单中选择"自动套用格式"，在左侧窗格中选择主题"传统型"，然后单击"确定"按钮。

（4）使用数据源填充 DropDownList 控件列表项，按照【例 8-9】的步骤（16）~（22）操作。

（5）使用数据源填充 CheckBoxList 控件列表项，操作步骤与【例 8-9】的步骤（16）~（22）类似，指定数据源 ID 为"sdsCourse"，在"配置 Select 语句"界面中选择表名"Course"，在"列"选择框中勾选"CourseName"；返回"数据源配置向导"对话框后，选择数据源为新建的"sdsCourse"，将要显示的数据字段和值的数据字段都选择为"CourseName"。

（6）运行网页查看界面设计效果，页面如图 8-48 所示。

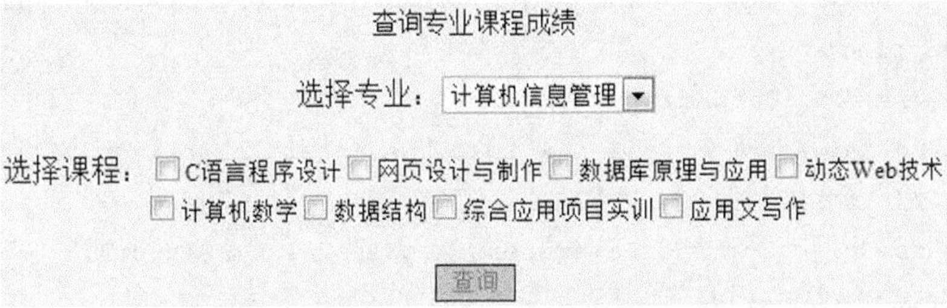

图 8-48　按专业查询课程成绩界面设计效果

（7）双击 Button 进入后台代码页面，在代码页面顶部输入以下代码引用命名空间。

```
using System.Data;
using System.Data.SqlClient;
using System.Configuration;
```

（8）在 btnSearch_Click 事件处理中输入以下代码。

```
protected void btnSearch_Click(object sender, EventArgs e)
{
    //设定交叉表查询的 SQL 语句
    String sqlStr = "With resultTable(姓名,课程,成绩) AS";
    sqlStr += " (SELECT s.StudentName,c.CourseName,r.Mark from Result r";
    sqlStr += " INNER JOIN Course c ON r.CourseID=c.CourseID";
    sqlStr += " INNER JOIN Student s ON r.StudentID=s.StudentID WHERE
Major=@major)";
    sqlStr += " SELECT * FROM resultTable";
    //取得选中的课程
    string courseStr = "";
    for (int i = 0; i <= cblCourse.Items.Count - 1; i++)
    {
        if (cblCourse.Items[i].Selected)
            courseStr += "[" + cblCourse.Items[i].Text + "],";
    }
    //如果课程选择为空，显示提示信息，否则在 GridView 控件中显示结果
```

```
        if (courseStr == "")
            lblMessage.Text = "请选择课程！";
        else
        {
            //去掉课程选择字符串右侧的逗号
            courseStr = courseStr.Substring(0, courseStr.Length - 1);
            //形成最终的 SQL 语句
            sqlStr += " PIVOT(SUM(成绩) FOR 课程 IN (" + courseStr + ")) AS P";
            //连接字符串
            string connStr = ConfigurationManager.ConnectionStrings["cnStudent"].
ConnectionString;
            //创建 SqlDataAdapter 对象
            SqlDataAdapter da = new SqlDataAdapter(sqlStr, connStr);
            //设置参数为用户选择的专业名
            da.SelectCommand.Parameters.AddWithValue("@major",
ddlMajor.SelectedValue);
            //创建 DataSet 对象
            DataSet ds = new DataSet();
            //SqlDataAdapter 填充 DataSet
            da.Fill(ds);
            //将 GridView 控件绑定到 DataSet
            gvResult.DataSource = ds;
            gvResult.DataBind();
            lblMessage.Text = "";
        }
    }
```

（9）运行网页，选择专业和课程后单击"查询"按钮，页面显示查询结果，如图 8-49 所示。

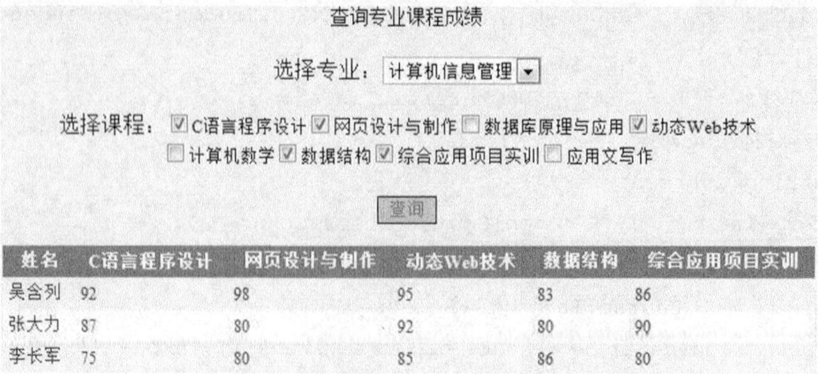

图 8-49　按专业查询课程成绩结果显示

8.8　小结

　　大部分 Web 应用程序都围绕读取和维护数据库信息实现其功能，ASP.NET 提供了两种数据访问方案，使用控件或 ADO.NET 编程操作。

　　ASP.NET 的数据访问控件包括数据源控件和数据绑定控件，数据源控件负责连接操作数据库，数据绑定控件负责在页面显示数据以及提供与用户交互的按钮，具有极大的灵活性。采用数据控件的方式，可以不编写任何代码就轻松实现常规的数据访问功能。ADO.NET 为应用程序提供了一组丰富的组件，开发人员可以使用这些组件实现对数据库的各种操作，满足各类复杂的功能需求，尤其是在无法或不便于使用数据控件的情况下，还可以采用 ADO.NET 编程来解决问题。

第 ⑨ 章 网站导航

网站导航可以很好地展示一个网站的组成结构和信息内容。ASP.NET 的网站导航技术以站点地图为基础，以导航控件为显示。本章主要介绍了如何使用 ASP.NET 的网站导航技术制作形式多样的网站导航。

学习目标

- 创建网站站点地图，描述网站的结构信息。
- 使用导航控件 Menu、TreeView 制作下拉式导航菜单和树形导航菜单。
- 使用 SiteMapPath 控件制作页面的导航路径。

9.1 网站导航概述

网站的导航菜单极为重要，清晰合理的导航可以让用户对网站的主体内容一目了然，有效地引导用户到达网站的各个网页。传统的网站导航的制作方式是在页面上应用超链接实现，在页面修改或移动的时候，需要在每个页中进行修改，因此维护采用传统制作方式的大型网站的导航菜单是困难而且费时的。ASP.NET 提供了一种站点地图的方式，也就是把所有导航链接存放在一个专门的站点地图文件中进行统一管理，网页上使用内置的导航控件创建菜单和其他导航辅助功能，这样易于维护。

9.2 站点地图（SiteMap）

站点地图是一种扩展名为.sitemap 的 XML 文件，其中存储了站点结构信息。默认情况下，站点地图文件名为 Web.sitemap，并且存储在应用程序的根目录下。

【例 9-1】创建 StudentMIS 网站的站点地图。

本案例演示使用 Visual Studio 创建网站站点地图的操作过程，具体步骤如下。

（1）创建站点地图。右击网站名称"StudentMIS"，选择"添加"→"添加新项"命令，在模板中选择"站点地图"，然后单击"添加"按钮，就会在网站根目录下创建默认名为 Web.sitemap 的站点地图文件，该文件会自动打开并包含以下代码。

```xml
<?xml version="1.0" encoding="utf-8" ?>
<siteMap xmlns="http://schemas.microsoft.com/AspNet/SiteMap-File-1.0" >
    <siteMapNode url="" title="" description="">
        <siteMapNode url="" title="" description="" />
        <siteMapNode url="" title="" description="" />
```

```
    </siteMapNode>
</siteMap>
```

上述代码描述了网站的导航结构信息。文件中的根节点<siteMap>包含了<siteMapNode>节点,这些<siteMapNode>节点形成树形结构,表示导航菜单项,其中第一层<siteMapNode>节点代表网站的主页,子节点表示网站中更深层次的页。

<siteMapNode>节点的常用属性如下。

● url:目标页的超链接地址。

● title:超链接显示的文字。

● description:超链接的提示,鼠标指针移动到链接地址时显示的文字。

(2)编辑 Web.sitemap 文件,描述"StudentMIS"网站导航结构,完整的代码如下。

```
<?xml version="1.0" encoding="utf-8" ?>
<siteMap xmlns="http://schemas.microsoft.com/AspNet/SiteMap-File-1.0" >
    <siteMapNode url="~/Default.aspx" title="主页" description="">
        <siteMapNode url="~/SignIn.aspx" title="登录" description="" />
        <siteMapNode url="~/Register.aspx" title="注册" description="" />
        <siteMapNode url="~/PersonalInfo.aspx" title="个人信息"
description="" />
        <siteMapNode url="" title="学生信息" description="">
            <siteMapNode url="~/Student/StudentInfo.aspx" title="学生信息管
理" description="" />
            <siteMapNode url="~/Student/AddStudent.aspx" title="添加学生信息
" description="" />
            <siteMapNode url="~/Student/Search.aspx" title="查询学生信息"
description="" />
            <siteMapNode url="~/Student/MajorResults.aspx" title="查询专业
成绩" description="" />
        </siteMapNode>
        <siteMapNode url="~/Feedback.aspx" title="建议反馈" description="" />
    </siteMapNode>
</siteMap>
```

编辑站点地图文件时需要注意,文件中必须包含<siteMap>标签,<siteMap>标签只能包含一个<siteMapNode>子节点,它链接到主页;每个<siteMapNode>可以有多个子节点,分别链接到各个网页,<siteMapNode>中的 url 属性必须相对于根目录来描述。

9.3 导航控件

ASP.NET 使用站点地图数据源控件 SiteMapDataSource 与站点地图交互信息,通过 SiteMapDataSource 控件,可以把站点地图文件中的信息绑定到各种导航控件来显示导航菜单。

ASP.NET 动态 Web 开发技术

ASP.NET 有 Menu、TreeViews 和 SiteMapPath 三个核心的导航控件。

9.3.1 Menu 控件

Menu 控件可以显示标准的站点导航菜单，具有静态模式和动态模式两种显示模式。静态模式的 Menu 控件菜单始终是完全展开的，整个结构可视，用户可以单击任何一个菜单项。动态显示的 Menu 控件菜单中，只有指定的部分是静态可见的，当用户将鼠标指针放置在某个父菜单上时再展开显示其子菜单项。

基本语法格式如下。

```
<asp:Menu ID="控件名称" runat="server"></asp:Menu>
```

Menu 控件常用属性包括如下几项。

- DataSourceID：绑定的数据源控件的 ID。
- StaticDisplayLevels：从根菜单算起静态显示的菜单级数。
- MaximumDynamicDisplayLevels：动态显示的菜单级数。
- Orientation：控件呈现的方向。

【例 9-2】使用 Menu 控件制作网站导航菜单。

本案例演示如何使用 Menu 控件绑定到 SiteMapDataSource 控件进行导航，导航菜单在网站的母版页中制作，位于页面顶部层的下端。

具体步骤如下。

（1）打开母版页 MasterPage.master。

（2）添加 Menu 控件。从"工具箱"的"导航"控件组中拖放一个 Menu 控件到页面"top"层中，设置 Orientation 属性为 Horizontal，StaticDisplayLevels 属性为 2，MaximumDynamicDisplayLevels 属性为 3，Font-Size 属性为 Small。

（3）此时，Menu 控件位于"top"层的顶部，设置样式将它移到"top"层底部。切换到"源"视图，在 Menu 控件的源代码中设置样式属性 style="margin:130px 0 0;"，代码如下所示。

```
<asp:Menu ID="Menu1" style="margin:130px 0 0;" ……..>
```

通过设置 Menu 控件的顶边距为 130px，使它显示在"top"层的底部位置。

（4）设置 Menu 控件外观。单击 Menu 控件右上角的任务按钮 ⊳ 出现"Menu 任务"快捷菜单，选择"自动套用格式"命令，在左侧窗格中选择"传统型"，然后单击"确定"按钮。

（5）Menu 控件绑定站点地图。打开"Menu 任务"快捷菜单，在"选择数据源"下拉列表中选择"新建数据源"，出现"数据源配置向导"对话框，如图 9-1 所示。

（6）单击"站点地图"选项，在"为数据源指定 ID"文本框中出现默认名称"SiteMapDataSource1"，单击"确定"按钮。页面将创建一个 SiteMapDataSource 控件，它会自动连接【例 9-1】创建的站点地图文件 Web.sitemap。

（7）运行主页 Default.aspx，页面上显示的导航菜单如图 9-2 所示，单击任一个菜单项将进入对应的网页。如果将鼠标指针移动到"学生信息"菜单项上，将出现它的所有子菜单项，如图 9-3 所示。

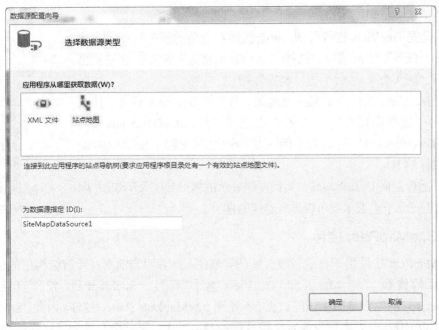

图 9-1 "数据源配置向导"对话框

图 9-2 静态显示的导航菜单　　　图 9-3 动态显示"学生信息"菜单项的子菜单

9.3.2 TreeView 控件

TreeView 控件和 Menu 控件在使用上非常相似，但在表现形式上有很大不同，它以树形结构显示多级导航菜单，这种菜单看上去像一棵带有枝叶的树，用户可通过单击"+"或"–"符号来展开或折叠节点。

基本语法格式如下。

```
<asp:TreeView ID="控件名称" runat="server"></asp:TreeView >
```

TreeView 控件常用属性如下。

● DataSourceID：绑定的数据源控件的 ID。

● ExpandDepth：控件展开显示的节点的级数，默认值为 FullyExpand，即显示所有节点。

【例 9-3】使用 TreeView 控件制作网站导航菜单。

本案例演示如何使用 TreeView 控件绑定到 SiteMapDataSource 控件进行导航，导航菜单在网站的母版页中制作，位于页面左侧。

具体步骤如下。

（1）打开母版页 MasterPage.master。

（2）添加 TreeView 控件。从"工具箱"的"导航"控件组中拖放一个 TreeView 控件到页面左侧的"left"层中。

（3）设置 TreeView 控件外观。单击控件右上角的任务按钮▷出现 "TreeView 任务"快捷菜单，选择"自动套用格式"命令，在左侧窗格中选择"箭头 2"，然后单击"确定"按钮。

（4）TreeView 控件绑定到站点地图。打开"TreeView 任务"快捷菜单，在"选择数据源"下拉列表中选择"SiteMapDataSource1"。"SiteMapDataSource1"就是在【例 9-2】中已经创建的 SiteMapDataSource 控件的 ID。

（5）运行主页 Default.aspx，页面左侧显示的树形导航菜单如图 9-4 所示，单击任意节点菜单项可以进入对应的网页。

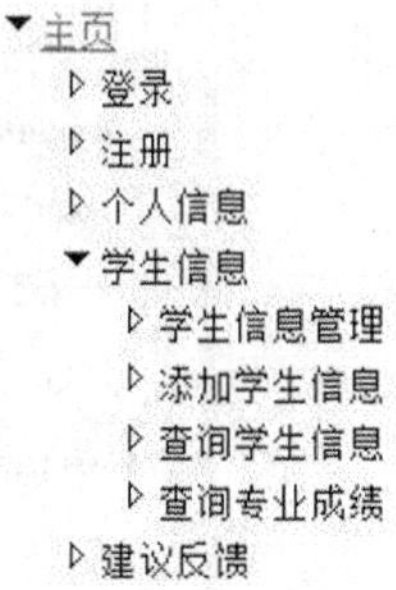

主页
▷ 登录
▷ 注册
▷ 个人信息
▼ 学生信息
　▷ 学生信息管理
　▷ 添加学生信息
　▷ 查询学生信息
　▷ 查询专业成绩
▷ 建议反馈

图 9-4　树形导航菜单

9.3.3　SiteMapPath 控件

SiteMapPath 控件用于显示当前页面的导航路径，表明当前页在导航结构中的位置以及返回主页的路径。与 Menu 和 TreeView 控件不同，SiteMapPath 控件直接从名为 "Web.sitemap"的站点地图中访问数据，不使用 SiteMapDataSource 控件。因此，SiteMapPath 控件会自动工作，开发人员只需要把控件添加到页面上，它就会自动创建线性的导航系统。

【例 9-4】使用 SiteMapPath 控件显示页面导航路径。

本案例演示如何使用 SiteMapPath 控件及其应用效果。

具体步骤如下。

（1）打开学生信息页面 StudentInfo.aspx。

（2）从"工具箱"的"导航"控件组中拖放一个 SiteMapPath 控件到页面顶部。

（3）单击控件右上角的任务按钮▷出现"SiteMapPath 任务"快捷菜单，选择"自动套用格式"，在左侧窗格中选择"专业型"，然后单击"确定"按钮。

（4）运行网页。网页的左上角显示图 9-5 所示的页面导航路径，单击其中的链接，可以直接进入相应页面。

主页 : 学生信息 : 学生信息管理

图 9-5　页面导航路径

9.4　小结

ASP.NET 提供了一种快捷建立网站导航的技术，即用站点地图 Web.sitemap 描述网站结构，页面选用适当的导航控件关联站点地图文件，实现导航功能。如果某个网页的地址发生了变化，直接在站点地图文件中更改即可。各种导航控件具有不同的表现形式，Menu 控件用于制作常规的下拉式导航菜单，TreeView 控件用于制作可折叠的树形导航菜单，SiteMapPath 控件则用于制作页面导航路径。

第 ⑩ 章 网站发布部署

网站开发完成以后，需要发布部署到局域网或 Internet 上，以便网络用户从网络上进行访问。本章介绍了使用 Visual Studio 平台发布 ASP.NET 网站、构建 Web 服务器环境、部署 ASP.NET 网站的操作过程。

学习目标

- 了解 ASP.NET 网站的运行环境要求；
- 安装 IIS 软件，建立运行 ASP.NET 网站的 Web 服务器；
- 使用 Visual Studio 发布网站；
- 在 IIS 中配置部署网站。

10.1 ASP.NET 网站运行环境

在网站的开发过程中，使用 Visual Studio 运行网页可以在本机上浏览网站的效果，网站开发完成后，需要在服务器上发布部署，才能让用户从局域网内或 Internet 上通过输入 IP 地址或域名访问网站。ASP.NET 网站运行环境要求如下。

- .NET Framework 环境。
- IIS（Internet Information Services）服务。

其中.NET Framework 环境在安装 Visual Studio 时都会自带安装，当然也可以去下载独立的安装包进行安装。

IIS 是网站服务器，在安装 Windows 系统的时候一般这部分默认是不安装的，需要用户自己去安装。

10.2 安装 IIS

下面以 Windows 7 操作系统为例介绍 IIS 的安装过程。

（1）选择"控制面板"→"程序"→"程序和功能"→"打开或关闭 Windows 功能"命令，在打开的对话框中展开"Internet 信息服务"节点，选中"Web 管理工具"和"万维网服务"节点下的所有选项，如图 10-1 所示。单击"确定"按钮完成安装。

（2）测试 IIS 是否安装成功。启动浏览器，在地

图 10-1 安装 IIS

址栏输入地址 http://localhost，如果安装成功，将出现图 10-2 所示的界面。

图 10-2　IIS 安装成功界面

（3）注册 ASP.NET 到 IIS。由于是先安装 Visual Studio 及其所带的 Framework v4.6，再安装 IIS，所以需要在本机注册 ASP.NET。选择"开始"→"所有程序"→"附件"，右击"命令提示符"，选择"以管理员身份运行"命令，进入命令提示符窗口，输入以下命令：

```
C:\Windows\Microsoft.NET\Framework\v4.0.30319\aspnet_regiis.exe -i
```

命令中的"C:\Windows\Microsoft.NET"是 Framework 的安装位置，可以根据实际情况调整。

运行命令，出现图 10-3 所示的提示，表示注册成功。

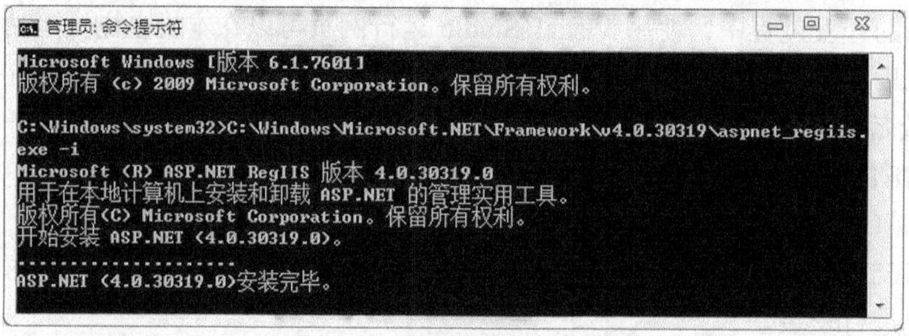

```
管理员：命令提示符
Microsoft Windows [版本 6.1.7601]
版权所有 (c) 2009 Microsoft Corporation。保留所有权利。

C:\Windows\system32>C:\Windows\Microsoft.NET\Framework\v4.0.30319\aspnet_regiis.
exe -i
Microsoft (R) ASP.NET RegIIS 版本 4.0.30319.0
用于在本地计算机上安装和卸载 ASP.NET 的管理实用工具。
版权所有 (C) Microsoft Corporation。保留所有权利。
开始安装 ASP.NET (4.0.30319.0)。
......................
ASP.NET (4.0.30319.0)安装完毕。
```

图 10-3　注册 ASP.NET 到 IIS

10.3　发布网站

上述环境准备完毕后，接下来发布网站。

【例 10-1】发布 StudentMIS 网站。

本案例演示如何使用 Visual Studio 工具发布网站并在 IIS 中配置部署，具体步骤如下。

（1）使用 Visual Studio 发布网站到文件系统。在 Visual Studio 中打开 StudentMIS 网站，右击网站名称，选择"发布 Web 应用"命令。

（2）弹出图 10-4 所示的"发布 Web"对话框，在"选择发布目标"栏单击"自定义"选项。

（3）如图 10-5 所示，在弹出的窗口中输入自己定义的配置文件名称"SMISPub"，然后单击"确定"按钮。

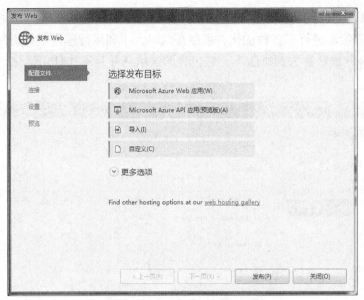

图 10-4 "发布 Web"对话框

图 10-5 定义配置文件名称

（4）弹出图 10-6 所示的界面，发布方法选择"File System"，目标位置选择文件夹"D:\StudentMISPub"，表示把当前 Web 项目发布到本机文件夹"D:\StudentMISPub"中。然后单击"下一页"按钮。

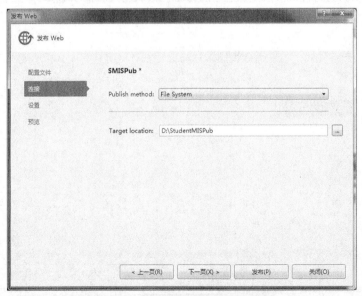

图 10-6 选择发布方法和目标位置

（5）弹出图 10-7 所示的界面，配置选择"Release"，然后单击"下一页"按钮。"Release"即发布版本，该版本进行了各种优化，程序在代码大小和运行速度上都是最优的。另外一个选项"Debug"通常称为调试版本，它包含调试信息并且不作任何优化，便于程序员调试程序。

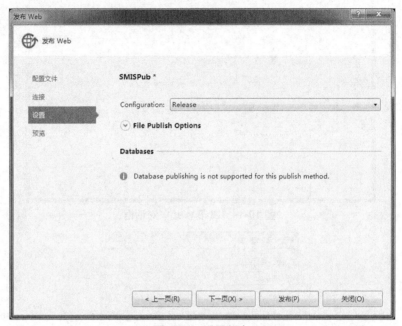

图 10-7　设置版本

（6）进入图 10-8 所示的发布前预览界面，确认各项设置。单击"发布"按钮即可将网站发布到指定的文件夹中。

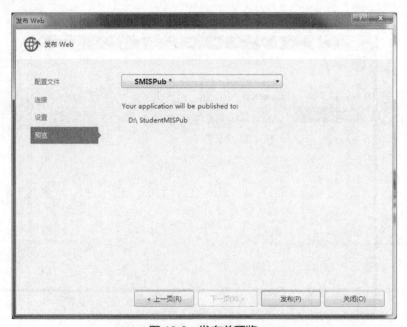

图 10-8　发布前预览

（7）IIS 部署网站。Visual Studio 把网站发布到文件系统后，若要在浏览器中访问，还需要在 IIS 中进行配置。选择"控制面板"→"管理工具"命令，双击"Internet 信息服务（IIS）管理器"，打开"Internet 信息服务（IIS）管理器"窗口，如图 10-9 所示。

图 10-9　Internet 信息服务（IIS）管理器

（8）在左侧窗格中右击"网站"，选择"添加网站"命令，弹出图 10-10 所示的对话框，在"网站名称"文本框中输入"StudentMIS"，"物理路径"文本框中输入"D:\StudentMISPub"，"端口"文本框输入"8080"，然后单击"确定"按钮，IIS 设置基本完成。上述设置中，网站名称可以取任意的英文字符串，物理路径就是前面使用 Visual Studio 发布网站的文件夹路径，端口号只要不与已占端口冲突即可。

图 10-10　"添加网站"属性窗口

（9）设置.NET Framework 版本。本书开发 StudentMIS 网站，使用的是.NET Framework v4.6 框架，而 IIS 默认配置为.NET Framework v2.0，需要将其设置为与网站一致的版本。在"Internet 信息服务（IIS）管理器"窗口左侧窗格中单击"应用程序池"，在右边的列表中右击"StudentMIS"网站名称，在弹出的快捷菜单中选择"基本设置"命令，如图 10-11 所示。

图 10-11　设置"应用程序池"

（10）打开图 10-12 所示的"编辑应用程序池"对话框，在".NET Framework 版本"下拉列表中选择".NET Framework V4.0.30319"，然后单击"确定"按钮，完成设置。

图 10-12　选择".NET Framework 版本"

（11）访问网站。在浏览器地址栏中输入"http://localhost:8080/default.aspx"，即可浏览发布的 StudentMIS 网站，如图 10-13 所示。如果从局域网中的浏览器访问网站，只须在输入的网站地址中将"Localhost"替换为服务器计算机的 IP 地址即可。

图 10-13　浏览网站主页

10.4　小结

　　ASP.NET 网站开发完成后，经过发布部署到服务器上，即可在局域网或 Internet 上提供给用户浏览使用。微软公司提供的 Internet 信息服务（IIS）是发布 ASP.NET 网站的最佳软件，它的安装非常简单方便，在 IIS 中发布网站同样也非常便利。

第 11 章 网上宠物店项目

前面的章节系统地介绍了 ASP.NET 网站开发的基础知识，包括 ASP.NET 网站布局结构与页面编程模型、提供网页基础功能的服务器控件、检查用户输入正确性的数据验证控件，Web 应用程序的状态机制（包括查询字符串、Cookie、会话状态与应用程序状态等）、使用母版页和主题统一网站风格、在 ASP.NET 网站中访问和维护数据库、快速实现网站菜单与页面路径的站点导航服务以及网站开发完成后的发布与部署。

在具备一定的 ASP.NET 基础知识后，本章将综合运用此前学过的技术，完成一个实用的完整项目，提升 ASP.NET 项目的开发能力。在本章项目的开发过程中，将着重介绍使用 ASP.NET 设计和开发 Web 应用程序的基本原则、常见网站效果和任务的开发技巧以及项目开发与编程的一般习惯等。

在开始本项目前需要注意的是，对于项目中使用到的控件、技术与知识点，若在前面章节中已介绍过，这里不再重复讲解，具体用法请自行参阅前面章节的内容。另外，项目使用了大量 CSS 样式表和 HTML 元素，实现了页面的布局与美工外观，本书假设读者已具备基本的网页设计知识，否则请另行参阅相关的 HTML 与 CSS 资料。

学习目标

● 通过完成一个实用的完整项目，掌握 Web 项目的开发流程，能够对实际项目进行分析与设计，并编码实现。

● 掌握 ASP.NET Web 应用系统开发的基本技能，包括使用 Visual Studio 创建网站、建立数据库以及制作网页。

● 综合运用 ASP.NET 服务器控件、数据验证、状态管理、数据访问等技术实现网站丰富的功能。

● 掌握 DIV、CSS、表格等网页布局技术设计界面以及使用主题等技术统一网站界面风格。

● 强化 Web 项目开发规范。

11.1 网上宠物店功能介绍

该宠物店名为.NET Petshop，是一家专门从事网上宠物销售的商店。用户可在该店网站上浏览正在出售的各类宠物，并可在登录后在线订购所喜爱的宠物。图 11-1 所示即为宠物店网站的主页。

图 11-1　主页 Default.aspx

主页右上角是宠物商品搜索与网站登录区域，页面中部是宠物分类链接。如单击"鸟类"，就打开宠物商品展示页 Products.aspx，界面如图 11-2 所示。

图 11-2　宠物商品展示页 Products.aspx

在该页面中，每种可供出售的宠物都包含图片、名称、介绍与价格信息。如要购买，可以把宠物"添加到购物车"；如果喜欢但并不想立刻购买，可以"收藏"。

现在把企鹅添加到购物车中。如果用户已登录，购物车页面将自动打开；若用户未登录，浏览器则跳转到登录页 SignIn.aspx，如图 11-3 所示。

图 11-3　登录页 SignIn.aspx

　　如果用户尚未注册，可以单击页面下方的"还没注册用户？"链接，打开图 11-4 所示的注册新用户页 NewUser.aspx 完成注册。

图 11-4　注册页 NewUser.aspx

用户注册成功后，将出现图 11-5 所示的成功提示。

图 11-5　注册成功界面

已注册的用户在图 11-3 所示的登录页输入正确的用户名和密码成功登录后，浏览器将跳转回图 11-6 所示的购物车页面 ShoppingCart.aspx。

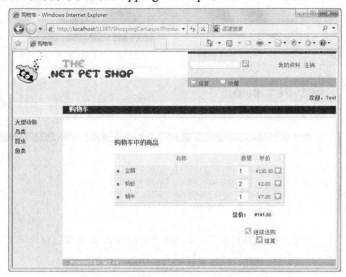

图 11-6 购物车页 ShoppingCart.aspx

在图 11-6 中可以看到，1 只企鹅、2 只蚂蚁和 1 只蜗牛已经被添加到购物车中。用户可在购物车列表中修改购买数量，在"数量"文本框输入新的数字后按 Enter 键将保存修改后的数量并计算出新的总计金额。在购物车页面单击"继续选购"链接将回到宠物展示页；单击"结算"链接将跳转到结算页 CheckOut.aspx，创建订单，如图 11-7 所示。购物车页的创建是本项目的重点与难点。

图 11-7 结算页 CheckOut.aspx

结算页列出订购的宠物以及用户联系信息供用户做最后确认，完成后单击"提交订单"按钮即可完成整个订购过程，界面中将显示订购成功信息，如图 11-8 所示。

图 11-8　结算页订购成功 CheckOut.aspx

其中，在结算页中显示的用户联系信息可以在"我的资料"页中进行维护，如图 11-9所示，用户完成注册后可在此填写基本信息。

图 11-9　个人资料页 UserProfile.aspx

网站页面组成如表 11-1 所示。

表 11-1　网站页面组成

页　面	文 件 名	页　面	文 件 名
主页	Default.aspx	注册新用户	NewUser.aspx
宠物商品展示	Products.aspx	我的资料	UserProfile.aspx
购物车	ShoppingCart.aspx	收藏	WishList.aspx
结算	CheckOut.aspx	搜索	Search.aspx
登录	SignIn.aspx		

11.2　数据库设计

根据宠物店的业务流程和功能设计，本系统设计了 6 个数据库表，它们的表名和用途如表 11-2 所述。注意，本项目的表名均为所存实体的单数形式。对于订单表，由于 Order 是 SQL 语言的关键字，为避免混淆，这里采用复数形式 Orders 作为订单表名。

表 11-2　网站数据表

名　称	说　明
Account	用户表，保存用户账号信息及地址等用户资料
Category	宠物分类表，保存宠物的分类信息
Product	宠物表，保存宠物的具体信息
Cart	购物车表，保存购物车的具体信息
Orders	订单表，保存订单的具体信息
OrderLineItem	订单明细表，保存订单的明细信息

上述各数据表的设计结构分别如表 11-3、表 11-4、表 11-5、表 11-6、表 11-7 和表 11-8 所示。

表 11-3　用户表 Account

列　名	数据类型	主　键	允 许 空	说　明
Username	nvarchar(256)	是	否	用户名
Password	nvarchar(16)		否	密码
Cname	nvarchar(80)		是	姓名
Country	nvarchar(80)		是	国家
Province	nvarchar(80)		是	省份
City	nvarchar(80)		是	城市
Address	nvarchar(80)		是	街道地址
Zip	nvarchar(80)		是	邮政编码

续表

列　　名	数据类型	主　　键	允　许　空	说　　明
Phone	nvarchar(80)		是	电话号码
Email	nvarchar(80)		是	邮件地址

表 11-4　宠物分类表 Category

列　　名	数据类型	主　　键	允　许　空	说　　明
CategoryId	nvarchar(50)	是	否	宠物分类 ID
Name	nvarchar(80)		否	分类名称
Descn	nvarchar(255)		是	分类描述

表 11-5　宠物表 Product

列　　名	数据类型	主　　键	允　许　空	说　　明
ProductId	nvarchar(50)	是	否	宠物 ID
CategoryId	nvarchar(50)		否	宠物分类 ID（FK）
Name	nvarchar(80)		否	宠物名称
Descn	nvarchar(255)		否	宠物描述
Image	nvarchar(80)		否	宠物图片路径地址
ListPrice	decimal(18, 2)		否	宠物价格

在 Product 表中，Image 字段保存宠物图片的路径地址，并不保存具体的图片数据。

表 11-6　购物车表 Cart

列　　名	数据类型	主　　键	允　许　空	说　　明
Username	nvarchar(256)	是	否	用户名（FK）
ProductId	nvarchar(50)	是	否	宠物 ID（FK）
Name	nvarchar(80)		否	宠物名称
ListPrice	decimal(18, 2)		否	宠物价格
CategoryId	nvarchar(50)		否	宠物分类 ID（FK）
Quantity	int		否	数量

购物车表用于暂存用户所选购的宠物，该表采用复合主键，由用户名以及宠物 ID 组成主键。

表 11-7　订单表 Orders

列　　名	数据类型	主　　键	允　许　空	说　　明
OrderId	int	是	否	订单 ID（自增）

续表

列　　名	数据类型	主　键	允　许　空	说　　明
Username	nvarchar(256)		否	用户名（FK）
OrderDate	datetime		否	订购时间

表 11-8　订单明细表 OrderLineItem

列　　名	数据类型	主　键	允　许　空	说　　明
ItemId	int	是	否	订单明细 ID（自增）
OrderId	int		否	订单 ID（FK）
ProductId	nvarchar(50)		否	宠物 ID（FK）
Quantity	int		否	数量
ListPrice	decimal(18, 2)		否	宠物单价

用户每次订购会生成一条订购记录，保存在订单表中。而订单所购买的具体商品信息则保存在订单明细表中。订单是典型的主/详信息表结构应用例子，一条订单记录可能对应多条订单明细记录。

11.3　创建网站

11.3.1　网站文件结构

表 11-1 列出了组成网站的页面，对于一个 ASP.NET 网站来说，除了.aspx 页面以外，网站还包含其他文件夹和文件。本项目完成后的文件组成如图 11-10 所示。

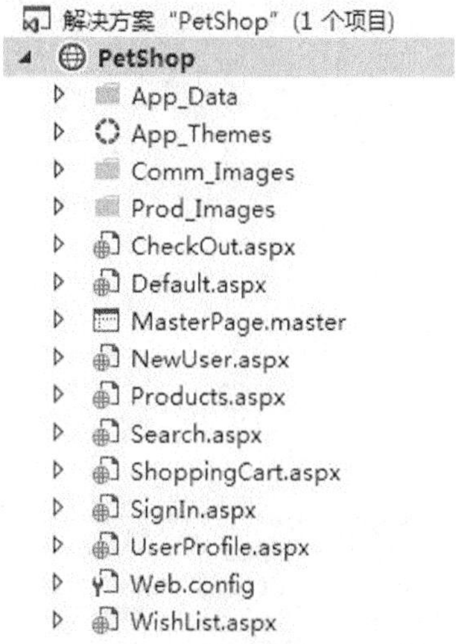

其中，各文件夹和文件的作用如下所述。

● App_Data 文件夹：存放网站的数据库文件。

● App_Themes 文件夹：网站将使用 ASP.NET 主题，本文件夹用于存放主题的样式表与皮肤文件。

● Comm_Images 文件夹：存放网站使用的图片，如 Logo 等。

● Prod_Images 文件夹：存放宠物图片，用于宠物展示页面 Products.aspx。

● MasterPage.master 文件：母版页，除主页以外，网站的其余页面均使用该母版页。

● Web.config 文件：网站配置文件，包括数据库连接字符串等配置。

图 11-10　宠物商店网站文件结构

11.3.2　建立网站、数据库及图片资源

下面将网站的整个开发工作分解成多个任务逐步完成。

【任务 11-1】在 Visual Studio 中新建网站，创建数据库并准备数据及图片等网站所需资源。

具体步骤如下。

（1）创建网站。参照第 2.1 节中【例 2-1】的步骤（1）新建网站，命名为"PetShop"。

（2）添加图片资源。在网站根目录下新建 Comm_Images 和 Prod_Images 两个文件夹，把网站用到的图片根据其作用分别复制到对应文件夹中。复制完成后，单击"解决方案资源管理器"窗格的"刷新"按钮 C，图片文件即出现在解决方案管理器中。效果如图 11-11 所示。

（3）创建数据库。本项目数据库使用 SQL Server Express LocalDB，数据库可直接在 Visual Studio 中创建。参照第 8.2 节中【例 8-1】的操作步骤在网站下新建数据库，命名为 "PetShop.mdf"。

图 11-11　添加图片

（4）创建数据表。参照第 8.2 节中【例 8-2】的操作步骤，按照 11.2 节所设计的数据表结构创建数据表。

（5）准备数据。参照第 8.2 节中【例 8-3】的操作步骤，在宠物分类表 Category 和宠物表 Product 中输入基础数据，完成后如图 11-12、图 11-13 所示。

CategoryId	Name	Descn
BACKYARD	大型动物	大型动物
BIRDS	鸟类	鸟类
BUGS	昆虫	昆虫
FISH	鱼类	鱼类
NULL	NULL	NULL

图 11-12　Category 表数据

ProductId	CategoryId	Name	Descn	Image	ListPrice
BD-01	BIRDS	塘鹅	动静皆宜	~/Prod_Images/Birds/icon-pelican.gif	86.00
BD-02	BIRDS	企鹅	型态可掬	~/Prod_Images/Birds/icon-penguin.gif	130.50
BD-03	BIRDS	翼龙	两亿年前的空中霸主	~/Prod_Images/Birds/icon-pteranodon.gif	2100.00
BD-04	BIRDS	猫头鹰	日夜守候	~/Prod_Images/Birds/icon-owl.gif	40.00
BD-05	BIRDS	鸭子	口齿不清但歌声美妙	~/Prod_Images/Birds/icon-duck.gif	32.00
BG-01	BUGS	蚂蚁	搬运工	~/Prod_Images/Bugs/icon-ant.gif	2.00
BG-02	BUGS	蝴蝶	越大越美	~/Prod_Images/Bugs/icon-butterfly.gif	8.00
BG-03	BUGS	蜘蛛	冷酷美	~/Prod_Images/Bugs/icon-spider.gif	5.00
BG-04	BUGS	蜗牛	你的柔软伙伴	~/Prod_Images/Bugs/icon-slug.gif	7.00
BG-05	BUGS	青蛙	想灭蚊吗	~/Prod_Images/Bugs/icon-frog.gif	12.00
BG-06	BUGS	蜻蜓	精致的宠物	~/Prod_Images/Bugs/icon-dragonfly.gif	3.20
BY-01	BACKYARD	绵羊	软绵绵的拥抱	~/Prod_Images/Backyard/icon-sheep.gif	120.00
BY-02	BACKYARD	猫	多情而敏感	~/Prod_Images/Backyard/icon-cat.gif	80.00
BY-03	BACKYARD	浣熊	胃口非常不错	~/Prod_Images/Backyard/icon-raccoon.gif	240.00
BY-04	BACKYARD	鹅	曲项向天歌	~/Prod_Images/Backyard/icon-goose.gif	45.00
BY-05	BACKYARD	巨蟹	一般只会在水箱里…	~/Prod_Images/Backyard/icon-crab.gif	28.00
BY-06	BACKYARD	臭鼬	当你讨厌的人来访…	~/Prod_Images/Backyard/icon-skunk.gif	98.00
BY-07	BACKYARD	斑马	摩登的美女	~/Prod_Images/Backyard/icon-zebra.gif	820.00
FI-01	FISH	小丑鱼	海底总动员	~/Prod_Images/Fish/icon-meno.gif	20.00
FI-02	FISH	河豚	温度越高，身体越…	~/Prod_Images/Fish/icon-ballonfish.gif	18.00
FI-03	FISH	盲鱼	视觉退化	~/Prod_Images/Fish/icon-blindfish.gif	34.00
FI-04	FISH	海蟹	喂食时会跳舞	~/Prod_Images/Fish/icon-Crabfish.gif	16.00
FI-05	FISH	章鱼	让它给你做按摩	~/Prod_Images/Fish/icon-eucalyptus.gif	27.00
FI-07	FISH	鲨鱼	小心别被咬到	~/Prod_Images/Fish/icon-nosyfish.gif	360.00
FI-08	FISH	巨齿鱼	素食动物	~/Prod_Images/Fish/icon-toothferry.gif	280.00
NULL	NULL	NULL	NULL	NULL	NULL

图 11-13　Product 表数据

11.4　创建主题

使用 ASP.NET 的主题与皮肤技术，可以把大量的美工工作与页面设计和开发分开，让网站页面样式风格统一，也可实现换肤等效果。

【任务 11-2】创建 PetShop 网站的主题，并应用于网站。

具体步骤如下。

（1）创建主题。在"解决方案资源管理器"窗格中右击网站名称，选择"添加"→"添加 ASP.NET 文件夹"→"主题"命令，创建一个主题并命名为 PetShop。

（2）添加样式表文件。右击主题文件夹"PetShop"，选择"添加"→"样式表"命令，添加样式表文件，使用其默认名称 StyleSheet.css。在该文件中输入样式代码，具体代码请见本书附录"PetShop 网站主题样式表文件 StyleSheet.css 代码"。

（3）应用主题。打开网站配置文件 Web.config，在<system.web>节点下添加配置代码。

```
<pages theme="PetShop" />
```

网站所有.aspx 页面将默认使用 PetShop 主题。

11.5 主页

主页是用户访问网站浏览的第一个网页，通常命名为 Default.aspx。

【任务 11-3】制作 PetShop 网站主页，页面运行效果如图 11-1 所示。

网站主页页面主要采用层进行界面布局。具体步骤如下。

（1）新建网页 Default.aspx。

（2）在源视图中编辑页面，完成页面静态部分的 HTML 代码，如下。

```
<%@ Page Language="C#" AutoEventWireup="true" CodeFile="Default.aspx.cs"
Inherits="_Default" %>
<!DOCTYPE html>
<html xmlns="http://www.w3.org/1999/xhtml">
<head runat="server">
    <meta http-equiv="Content-Type" content="text/html; charset=utf-8"/>
    <title>欢迎来到.NET 宠物店</title>
</head>
<body class="homeBody">
<form id="form1" runat="server">
    <!--主页页头内容-->
    <div class="divHome">
        <div id="logoH"><img src="Comm_Images/Logo-home.gif" alt="主页"
/></div>
        <!--搜索-->
        <div class="homeBgSearch">
            <asp:TextBox ID="txtSearch" runat="server" CssClass="homeSearchBox"
Width="130px"></asp:TextBox>
            <asp:ImageButton ID="btnSearch" runat="server" CssClass="padding
Searchicon" ImageUrl="Comm_Images/button-search.gif" />
            <!--登录/登出-->
            <asp:LinkButton ID="btnLgnStatus" runat="server" CssClass=
```

```
"homeLink" Text="登录"></asp:LinkButton>
        </div>
    </div>
    <!--主页主体内容-->
    <div class="divHome">
        <div id="leftH" style="float:left">
            <div id="seahorse"><img height="290" src="Comm_Images/seahorse.
gif" width="112" alt="Sea Horse" /></div>
            <div id="mainContent">
                <div class="welcome">欢迎来到动物世界</div>
                <div class="bqControl">
                    <div class="intro">从我们精选的宠物中挑选你的最爱吧</div>
                    <div class="navigationLabel">宠物分类:</div>
                    <div class="ctMenu">
                        <!--宠物分类菜单-->
                    </div>
                    <div class="footerHome"> Powered by .NET 4.6</div>
                </div>
            </div>
        </div>
        <div class="fishPosition">
            <img src="Comm_Images/home-fish.gif" border="0" />
        </div>
    </div>
</form>
</body>
</html>
```

（3）完成后测试 Default.aspx 页面，查看运行效果。

【任务 11-4】制作主页的宠物分类菜单。

宠物分类菜单从数据库读取，并以超级链接列表的形式显示。使用 DataList 控件配合数据源控件即可完成，无须另写代码。具体步骤如下。

（1）在 Default.aspx 页面切换到"设计"视图，从工具箱的"数据"控件组中拖放 SqlDataSource 控件和 DataList 控件到页面布局中的宠物分类菜单位置。

（2）选中 SqlDataSource 控件，设置控件 ID 为 sdsCategory。

（3）为 SqlDataSource 控件配置数据源，连接前面创建的 PetShop.mdf 数据库，并将连接字符串保存到网站配置文件中，命名为 cnPetShop。接下来配置 Select 语句，该数据源的作用是为主页的宠物分类菜单提供数据，因此只需查询宠物分类表 Category 的 CategoryID 和 Name 字段即可。

（4）选中 DataList 控件，设置控件 ID 为 dlCategories，选择数据源为 sdsCategory，完

成后运行页面，DataList 控件即可展现分类数据。

（5）编辑模板。DataList 控件默认的布局方式不能满足项目要求，所以使用自定义模板呈现数据。在 DataList 控件的任务快捷菜单中选择"编辑模板"命令进入项模板编辑器，选择"ItemTemplate"进行编辑。

（6）删除模板中原有的所有内容，添加 1 个 div 层到模板中，设置其 class 属性为 navigationLinks；再拖放 1 个 HyperLink 控件到层中，设置控件 ID 为 lnkCategory。

（7）编辑绑定。将 HyperLink 控件的 Text 属性绑定到 Name 字段，NavigateUrl 属性自定义绑定为：string.Format("~/Products.aspx?categoryId={0}&name={1}", Eval("CategoryId"), Eval("Name"))。然后结束模板编辑。

宠物分类菜单的源代码如下。

```
<!--宠物分类菜单-->
<asp:SqlDataSource ID="sdsCategory" runat="server" ConnectionString="<%$
ConnectionStrings:cnPetShop %>" SelectCommand="SELECT [CategoryId], [Name]
FROM [Category]"></asp:SqlDataSource>
<asp:DataList ID="dlCategories" runat="server" DataKeyField="CategoryId"
DataSourceID="sdsCategory">
<ItemTemplate>
    <div class="navigationLinks">
        <asp:HyperLink runat="server" ID="lnkCategory" NavigateUrl='<%#
string.Format("~/Products.aspx?categoryId={0}&name={1}", Eval("CategoryId"),
Eval("Name")) %>' Text='<%# Eval("Name") %>' />
    </div>
</ItemTemplate>
</asp:DataList>
```

（8）运行网页，测试宠物分类菜单显示效果。

技术要点

　　在模板中，控件使用数据绑定的方式呈现数据源中的数据。.NET 的数据绑定分单向绑定与双向绑定两种。Eval（"字段名"）为单向只读绑定，只获取字段的数据；Bind（"字段名"）为双向读写绑定，可把控件上的数据更新到数据源中，主要用于编辑数据。数据绑定表达式的语法为<%#和%>分隔符内，使用 Eval 或 Bind 函数完成字段的绑定。

　　例如步骤（7）的代码中，HyperLink 控件的 Text 属性使用数据绑定表达式，可以得到宠物分类名称 Name 字段，代码如下。

```
Text='<%# Eval("Name") %>'
```

　　NavigateUrl 属性使用数据绑定表达式，通过 string.Format 方法得到宠物商品展示页面的地址。在地址的查询字符串中包含宠物分类 ID（CategoryId）和宠物分类名称（Name）两个字段，代码如下。

```
NavigateUrl='<%# string.Format("~/Products.aspx?categoryId=
{0}&name={1}",Eval("CategoryId"), Eval("Name")) %>'
```

【任务 11-5】制作宠物搜索功能。

主页的页面代码已经包含了搜索相关的输入框与按钮。宠物搜索功能需要处理搜索按钮的 Click 事件，跳转到 Search.aspx 页面，由 Search.aspx 页面完成搜索与结果显示的工作。

具体步骤如下。

（1）在主页的"设计"视图双击"搜索图片"按钮，进入代码页面的 btnSearch_Click 事件过程，编写代码如下。

```
protected void btnSearch_Click(object sender, ImageClickEventArgs e)
{
    //获取搜索关键字，以查询字符串的方式传递，并跳转到 Search.aspx 页面。
    Response.Redirect("~/Search.aspx?keywords=" + txtSearch.Text);
}
```

（2）创建 Search.aspx 页面。本章将不介绍搜索页面的开发，作为实践练习，请读者自行完成 Search.aspx 页面。

11.6 母版页

网站除主页外，其余页面均具有相似的布局。为了使网站具有统一的风格，并减少页面设计的工作量，网站使用 ASP.NET 母版页技术，母版页的开发任务基本与主页类似。

【任务 11-6】制作母版页 MasterPage.master。

图 11-2 所示的宠物商品展示页就是使用母版页创建的，页面顶部和左侧的内容来自母版页，商品展示区是母版页上的 ContentPlaceHolder 控件占位区。母版页主要采用层进行界面布局。

具体步骤如下。

（1）在网站中新建母版页，使用默认名称 MasterPage.master。在"源"视图中进行编辑，完成静态部分的 HTML 代码，注意母版页只有一个占位符控件，代码如下所示。

```
<%@ Master Language="C#" AutoEventWireup="true" CodeFile="MasterPage.
master.cs" Inherits="MasterPage" %>
<!DOCTYPE html>
<html xmlns="http://www.w3.org/1999/xhtml">
<head runat="server">
    <meta http-equiv="Content-Type" content="text/html; charset=utf-8"/>
    <title>.NET 宠物店</title>
</head>
<body>
<form id="form1" runat="server">
    <!--母版页页头内容-->
    <div class="divMster">
        <div class="divLogoM" >
            <a href="Default.aspx"><img border="0" src="Comm_Images/Logo.
gif" width="287" height="78"></a>
```

```
        </div>
        <div class="signIn">
            <asp:TextBox   ID="txtSearch"   Width="115px"   runat="server"
CssClass="textboxSearch"></asp:TextBox>
            <asp:ImageButton ID="btnSearch" runat="server" AlternateText=
"Search"  CausesValidation="false"  ImageUrl="Comm_Images/button-search.gif"
OnClick="btnSearch_Click" />
            <!--我的资料-->
            <asp:HyperLink   ID="hlProfile"   runat="server"   NavigateUrl=
"UserProfile.aspx" CssClass="link">我的资料</asp:HyperLink>
            <!--登录/登出-->
            <asp:LinkButton   ID="btnLgnStatus"   runat="server"   CssClass=
"homeLink" Text="登录"></asp:LinkButton>
            <div class="checkOut">
                <a   href="ShoppingCart.aspx"><img   border="0"   src="Comm_
Images/button-cart.gif"></a>
                <a class="linkCheckOut" href="ShoppingCart.aspx">结算</a>
                <a href="WishList.aspx"><img border="0" src="Comm_Images/
button-wishlist.gif"></a>
                <a class="linkCheckOut" href="WishList.aspx">收藏</a>
            </div>
        </div>
    </div>
    <!--母版页主体内容-->
    <div class="divTitle">
        <div class="breadcrumb">
            <!--显示用户名欢迎信息-->
            <asp:Literal   ID="ltlName"   runat="server"   Text=" 欢 迎 ，访 客
"></asp:Literal>
        </div>
        <div class="pageHeader">
            <!--网页内标题-->
            <asp:Literal ID="ltlHeader" runat="server"></asp:Literal>
        </div>
    </div>
    <div class="divCenter">
        <div class="leftMenu"> 
            <!--宠物分类菜单-->
        </div>
        <div class="mainContent">
```

```
            <!--占位符控件，由页面替换具体内容-->
            <asp:ContentPlaceHolder  ID="cphPage"  runat="server"></asp:
ContentPlaceHolder>
            <div class="footer">Powered by .NET 4.6</div>
        </div>
    </div>
  </form>
  </body>
  </html>
```

（2）参考制作主页的做法，按照【任务 11-4】和【任务 11-5】的操作步骤，完成母版页主体部分的宠物分类菜单以及页头的搜索功能代码。

（3）显示页面标题。上述页面代码中，网页内标题代码部分的 Literal 控件用于显示页面标题，即设置 Literal 控件 ltHeader 的文本为页面标题。进入"设计"视图，双击母版页 MasterPage.master 进入代码页面，编写 Page_Load 事件处理代码如下。

```
protected void Page_Load(object sender, EventArgs e)
{
    ltlHeader.Text = Page.Header.Title;
}
```

11.7 用户登录/注销

基于数据库的 Web 应用程序都需要考虑网站的安全性，网站离不开权限管理，包括用户身份识别和用户授权两部分。识别用户身份通过登录来实现。用户授权是根据不同的用户身份判断是否允许其访问某个网页或执行某些操作。用户登录后系统将保存他的身份信息，直到注销。

【任务 11-7】制作登录页 SignIn.aspx。

登录页的界面设计如图 11-3 所示，用户输入用户名和密码，单击"登录"按钮。程序先检查用户名、密码是否为空。检查通过后，在用户数据表 Account 中查询是否存在该用户记录，如果存在，则用户登录成功，保存用户信息；否则出现错误提示。

具体步骤如下。

（1）使用母版页新建登录页 SignIn.aspx。

（2）参照图 11-3 所示的页面显示效果，以表格布局界面，拖放控件到页面并按照表 11-9 所示设置控件属性。

表 11-9 登录页面控件属性设置

控　件	属　性	值	说　明
TextBox	ID	txtName	用户名输入框
	Width	155px	
	CssClass	signinTextbox	

续表

控　件	属　性	值	说　明
TextBox	ID	txtPassword	密码输入框
	TextMode	Password	
	Width	155px	
	CssClass	signinTextbox	
RequiredFieldValidator	ID	UserNameRequired	检查用户名必填
	ControlToValidate	txtName	
	Display	Dynamic	
	ErrorMessage	请填写用户名	
RequiredFieldValidator	ID	PasswordRequired	检查密码必填
	ControlToValidate	txtPassword	
	Display	Dynamic	
	ErrorMessage	请填写密码	
Label	ID	lblError	显示出错提示
	Text	（空）	
	CssClass	ErrorLabel	
Button	ID	btnSubmit	登录按钮
	Text	登录	
	CssClass	signinButton	
CheckBox	ID	chkRememberMe	是否需要记住用户名
	Text	记住我。	
	Font-Size	0.8em	
HyperLink	ID	hlNewUser	链接注册页面
	NavigateUrl	~/NewUser.aspx	
	Text	还没注册用户?	
	CssClass	linkNewUser	

表 11-9 中，控件的 CssClass 属性用于设置控件的样式，属性值 signinTextbox、ErrorLabel 等为样式名称，定义在网站主题的样式表文件中。

登录页面源代码如下。

```
<%@ Page Title="用户登录" Language="C#" MasterPageFile="~/MasterPage.
master" AutoEventWireup="true" CodeFile="SignIn.aspx.cs" Inherits="SignIn" %>
    <asp:Content ID="Content1" ContentPlaceHolderID="cphPage" Runat="Server">
```

```
        <div class="signinPosition">
            <div class="signinHeader">用户登录</div>
            <table>
            <tr>
                <td class="signinLabel">用户名: </td>
                <td><asp:TextBox    ID="txtName"    runat="server"    CssClass=
"signinTextbox" Width="155px"></asp:TextBox>
                    <asp:RequiredFieldValidator  ID="UserNameRequired"  runat=
"server"  ControlToValidate="txtName"  ErrorMessage="请填写用户名"  Display=
"Dynamic">*</asp:RequiredFieldValidator></td>
            </tr>
            <tr>
                <td class="signinLabel">密码: </td>
                <td><asp:TextBox   ID="txtPassword"   runat="server"   CssClass=
"signinTextbox" TextMode="Password" Width="155px"></asp:TextBox>
                    <asp:RequiredFieldValidator  ID="PasswordRequired"  runat=
"server"  ControlToValidate="txtPassword"  ErrorMessage="请填写密码"
Display="Dynamic">*</asp:RequiredFieldValidator></td>
            </tr>
            </table>
            <asp:Button ID="btnSubmit" runat="server" CssClass="signinButton"
Text="登录" OnClick="btnSubmit_Click"/><br/>
            <asp:Label  ID="lblError"  runat="server"  CssClass="ErrorLabel">
</asp:Label><br/>
            <asp:CheckBox  ID="chkRememberMe"  runat="server"  Text="记住我。"
Font-Size="0.8em"/><br/>
            <asp:HyperLink ID="hlNewUser" runat="server" CssClass="linkNewUser"
NavigateUrl="~/NewUser.aspx">还没注册用户? </asp:HyperLink>
        </div>
    </asp:Content>
```

（3）编码实现用户登录功能。双击"登录"按钮进入代码页，由于需要用到 ADO.NET 编程接口，先在 SignIn.aspx.cs 文件中添加名称空间引用，代码如下。

```
using System.Data;
using System.Data.SqlClient;
using System.Configuration;
```

再在 btnSubmit_Click 事件中添加以下代码。

```
protected void btnSubmit_Click(object sender, EventArgs e)
{
    //使用 ADO.NET，以编程的方式执行 SQL 语句，查询 Account 表中是否存在该用户记录，
如果存在，则登录成功，跳转到产品展示页或原访问页；否则显示错误提示
```

```
        SqlConnection cn = new SqlConnection(ConfigurationManager.Connection
Strings["cnPetShop"].ToString());
        string sqlSearch = "select * from Account where Username=@un and
Password=@pwd";
        SqlCommand cmdS = new SqlCommand(sqlSearch, cn);
        cmdS.Parameters.AddWithValue("@un", txtName.Text);
        cmdS.Parameters.AddWithValue("@pwd", txtPassword.Text);
        cn.Open();
        SqlDataReader dr = cmdS.ExecuteReader();
        if (dr.HasRows)                              //存在该用户记录
        {
            Session["UserName"] = txtName.Text;      //保存用户信息
            if(Request.QueryString["from"]==null)
                Response.Redirect("~/Products.aspx");    //跳转到产品展示页
            else
                Response.Redirect(Request.QueryString["from"]);//跳转回原访问页
        }
        else
        {
            lblError.Text = "用户名或密码错误";
        }
        dr.Close();
        cn.Close();
    }
```

（4）完成后测试运行效果。

技术要点

① 使用 ADO.NET，以编程的方式使用 SQL Server 数据提供程序执行 SQL 语句的基本过程包括如下几部分。

- 添加命名空间 System.Data.SqlClient。
- 创建数据库连接对象 SqlConnection。
- 创建 SQL 命令对象 SqlCommand。
- 为 SqlCommand 对象的 SQL 参数对象赋值。
- 打开数据库连接。
- 执行 SQL 命令。
- 关闭数据库连接。

具体的 ADO.NET 知识请参考本书第 8.7 节。

② 从 Web.config 文件读取数据库连接字符串的方法如下所述。

使用 ConfigurationManager.ConnectionStrings["ConnectionString"].ToString() 语句获取，由于需要使用 ConfigurationManager 对象，所以须先添加命名空间 System.Configuration。

【任务 11-8】制作"记住我"功能。

登录页上有一个多选框"记住我。",如果用户勾选了该项,登录成功后程序将保存用户名,并在下次登录时在文本框中自动显示该用户名,不需要再进行输入。本案例采用 Cookie 来保存用户名,具体步骤如下。

(1)打开登录页的后台代码文件 SignIn.aspx.cs。

(2)保存用户名。在 btnSubmit_Click 事件中添加以下代码。

```
protected void btnSubmit_Click(object sender, EventArgs e)
{
    …
    if (dr.HasRows)                          //存在该用户记录
    {
        if(chkRememberMe.Checked==true)      //如果勾选了"记住我"复选框
        {
            Response.Cookies["UserName"].Value = txtName.Text;
                                             //使用 Cookie 保存用户名
            Response.Cookies["UserName"].Expires = DateTime.Now.AddDays(180);
                                             //Cookie 有效期 180 天
        }
        …
    }
}
```

(3)显示用户名。在 Page_Load 事件中添加以下代码。

```
protected void Page_Load(object sender, EventArgs e)
{
    if (!IsPostBack)
    {
        if (Request.Cookies["UserName"] != null)
            txtName.Text = Request.Cookies["UserName"].Value;  //读取并显示
Cookie 保存的用户名
    }
}
```

(4)完成后测试运行效果。

【任务 11-9】制作用户欢迎信息。

母版页上制作了用户欢迎信息,如果是未登录用户,显示"欢迎,访客",用户登录后,则将"访客"替换成用户名。

具体步骤如下。

(1)打开母版页的后台代码文件 MasterPage.master.cs。

(2)在 Page_Load 事件中添加以下代码。

```
protected void Page_Load(object sender, EventArgs e)
{
    …
    if (Session["UserName"] != null)
    ltlName.Text ="欢迎, "+ Session["UserName"].ToString();    //显示欢迎信息
}
```

（3）完成后测试运行效果。注意查看登录成功后，页面的用户欢迎信息。

技术要点　　用户登录时,系统用会话状态变量 Session["UserName"]保存了用户名,所以程序可以通过读取它来得到用户名。同时, 是否存在该会话状态变量也是判断用户是否登录的依据。

【任务 11-10】制作登录/注销切换按钮,并实现注销功能。

母版页上制作了"登录"按钮,将其完善成为:用户未登录时,显示为"登录"链接,用户单击可进入登录页; 用户登录后, 该按钮显示为"注销"链接,用户单击即可清除其用户信息。

具体步骤如下。

（1）打开母版页的后台代码文件 MasterPage.master.cs。

（2）在 Page_Load 事件中添加以下代码。

```
protected void Page_Load(object sender, EventArgs e)
{
    …
    if (Session["UserName"] != null)    //用户登录后
    {
      …
      btnLgnStatus.Text = "注销";       //按钮显示为"注销"
    }
    else                              //用户未登录
    {
      btnLgnStatus.Text = "登录";       //按钮显示为"登录"
    }
}
```

（3）在"设计"视图双击按钮 btnLgnStatus,进入 btnLgnStatus_Click 事件,添加以下代码。

```
protected void btnLgnStatus_Click(object sender, EventArgs e)
{
    if (btnLgnStatus.Text == "登录")    //登录
        Response.Redirect("~/SignIn.aspx");
    else                              //注销
    {
      Session["UserName"] = null;                  //清空用户信息
```

```
              Response.Redirect(Request.Url.ToString());        //刷新页面
        }
    }
```

（4）完成后测试运行效果。

11.8 用户注册

PetShop 网站的用户分为普通访客和注册用户两类。普通访客可以浏览主页及宠物产品页面，注册用户可以订购商品。普通访客通过注册即可成为注册用户。

【任务 11-11】制作注册页面 NewUser.aspx。

注册页的界面设计如图 11-4 所示，用户输入用户名和密码，单击"注册"按钮。程序先检查用户名、密码是否为空，两次密码输入是否相同，以及用户名是否已经存在。检查通过后，向用户数据表 Account 添加一条用户记录，则用户注册成功，出现成功提示界面，如图 11-5 所示。

具体步骤如下。

（1）使用母版页新建注册页 NewUser.aspx。

（2）参照图 11-4、图 11-5 所示的页面显示效果，以层和表格布局界面，拖放控件搭建页面，并按照表 11-10 设置控件属性。

表 11-10　注册页面控件属性设置

控　件	属　性	值	说　明
TextBox	ID	txtName	用户名输入框
	Width	155px	
	CssClass	signinTextbox	
TextBox	ID	txtPassword	密码输入框
	TextMode	Password	
	Width	155px	
	CssClass	signinTextbox	
TextBox	ID	txtConfirmPassword	确认密码输入框
	TextMode	Password	
	Width	155px	
	CssClass	signinTextbox	
RequiredFieldValidator	ID	UserNameRequired	检查用户名必填
	ControlToValidate	txtName	
	Display	Dynamic	
	ErrorMessage	请填写用户名	

续表

控　件	属　性	值	说　明
RequiredFieldValidator	ID	PasswordRequired	检查密码必填
	ControlToValidate	txtPassword	
	Display	Dynamic	
	ErrorMessage	请填写密码	
RequiredFieldValidator	ID	CPasswordRequired	检查确认密码必填
	ControlToValidate	txtConfirmPassword	
	Display	Dynamic	
	ErrorMessage	请填写密码	
CompareValidator	ID	PasswordCompare	检查密码两次输入相同
	ControlToValidate	txtConfirmPassword	
	ControlToCompare	txtPassword	
	Display	Dynamic	
	ErrorMessage	两次密码填写必须相同	
Label	ID	lblError	显示出错提示
	Text	（空）	
Button	ID	btnSubmit	注册按钮
	Text	注册	
	CssClass	signinButton	
Panel	ID	plRegister	包含注册界面内容的容器
Panel	ID	plSuccess	包含成功提示界面内容的容器
	Visible	false	

注册页面源代码如下。

```
<%@ Page Title="" Language="C#" MasterPageFile="~/MasterPage.master"
AutoEventWireup="true" CodeFile="NewUser.aspx.cs" Inherits="NewUser" %>
<asp:Content ID="Content1" ContentPlaceHolderID="cphPage" Runat="Server">
    <div class="signinPosition">
        <asp:Panel ID="plRegister" runat="server">
        <div class="signinHeader">注册新用户</div>
        <table>
        <tr>
            <td class="signinLabel">用户名：</td>
```

```
                <td><asp:TextBox   ID="txtName"   runat="server"   CssClass=
"signinTextbox" Width="155px"></asp:TextBox>
                    <asp:RequiredFieldValidator ID="UserNameRequired" runat=
"server" ControlToValidate="txtName" ErrorMessage="请填写用户名" Display=
"Dynamic">*</asp:RequiredFieldValidator>
                    <asp:Label ID="lblError" runat="server" Text=""></asp:
Label></td>
            </tr>
            <tr>
                <td class="signinLabel">密码: </td>
                <td><asp:TextBox ID="txtPassword" runat="server" CssClass=
"signinTextbox" TextMode="Password" Width="155px"></asp:TextBox>
                    <asp:RequiredFieldValidator ID="PasswordRequired" runat=
"server" ControlToValidate="txtPassword" ErrorMessage="请填写密码" Display=
"Dynamic">*</asp:RequiredFieldValidator></td>
            </tr>
            <tr>
                <td class="signinLabel">确认密码: </td>
                <td><asp:TextBox   ID="txtConfirmPassword"   runat="server"
CssClass="signinTextbox" TextMode="Password" Width="155px"></asp:TextBox>
                    <asp:RequiredFieldValidator ID="CPasswordRequired" runat=
"server" ControlToValidate="txtConfirmPassword" ErrorMessage="请填写密码"
Display="Dynamic">*</asp:RequiredFieldValidator>
                    <asp:CompareValidator ID="PasswordCompare" runat="server"
ControlToCompare="txtPassword" ControlToValidate="txtConfirmPassword" Display=
"Dynamic" ErrorMessage="两次密码填写必须相同"></asp:CompareValidator></td>
            </tr>
            </table>
            <asp:Button ID="btnSubmit" runat="server" CssClass="signinButton"
Text="注册"/>
        </asp:Panel>
        <asp:Panel ID="plSuccess" runat="server" Visible="false">
        <p class="signinLabel"><br /><b>感谢您的注册。</b></p>
        <p class="signinLabel">用户创建成功。现在您可以: </p>
        <p class="signinLabel"><a class="signinNewUser" href="Default.
aspx">继续选购</a></p>
        <p class="signinLabel"><a class="signinNewUser" href="CheckOut.
aspx">结算</a></p>
            <p class="signinLabel"><a class="signinNewUser" href="UserProfile.
```

```
aspx">更新你的资料</a></p>
            </asp:Panel>
        </div>
    </asp:Content>
```

上述代码中使用了两个 Panel 控件，名为 plRegister 的 Panel 控件包含了注册界面的内容；另一个 Panel 控件 plSuccess 包含成功提示界面的内容，它被设置为不可见。当页面打开时，显示注册界面，当注册成功后，将 plRegister 设为不可见，plSuccess 设为可见，此时页面将显示注册成功的提示及相关内容。

（3）编码实现用户注册功能。双击"注册"按钮进入代码页，由于需要用到 ADO.NET 编程接口，先在 NewUser.aspx.cs 文件中添加名称空间引用，代码如下。

```
using System.Data;
using System.Data.SqlClient;
using System.Configuration;
```

在 btnSubmit_Click 事件中添加以下代码。

```
protected void btnSubmit_Click(object sender, EventArgs e)
{
    //使用 ADO.NET，以编程的方式执行 SQL 语句，查询用户名是否已经存在，如果已存在，则
显示错误提示；否则执行 SQL 语句往 Account 表添加新的用户记录，并切换显示成功提示界面
    SqlConnection cn = new SqlConnection(ConfigurationManager.Connection
Strings["cnPetShop"].ToString());
    string sqlSearch = "select * from Account where Username=@un";
    SqlCommand cmdS = new SqlCommand(sqlSearch,cn);
    cmdS.Parameters.AddWithValue("@un", txtName.Text);
    cn.Open();
    SqlDataReader dr = cmdS.ExecuteReader();
    if(dr.HasRows)                    //用户名已经存在
    {
        lblError.Text = "此用户名已经存在";
        dr.Close();
    }
    else
    {
        dr.Close();
        string  sqlInsert  =  "insert  into  Account(Username,Password)
values(@un,@pwd)";
        SqlCommand cmdIn = new SqlCommand(sqlInsert, cn);
        cmdIn.Parameters.AddWithValue("@un", txtName.Text);
        cmdIn.Parameters.AddWithValue("@pwd", txtPassword.Text);
        cmdIn.ExecuteNonQuery();        //往 Account 表中添加新的用户记录
```

```
                plRegister.Visible = false;      //隐藏注册界面
                plSuccess.Visible = true;        //显示成功提示界面
            }
        cn.Close();
    }
```

（4）完成后测试运行效果，创建一些用户以供后续测试使用。

完成上述任务后，网站的用户管理部分已基本完成。网站的用户注册、用户登录与注销等功能已经能正常使用。但网站还没有对网页进行访问控制，即哪些页面只有在登录后才能访问，哪些页面可在未登录状态下匿名访问。

根据 11.1 节的网站功能分析，网站主页、宠物商品浏览、登录、用户注册等页面可以匿名访问。我的资料、购物车、结算等页面只有注册用户登录后才可访问，对这些网页的访问控制将在各页面上实现。

11.9 个人资料

用户注册只收集了用户登录所需要的用户名和密码，其他与具体业务相关的用户信息还需要自行维护管理。宠物商店需要保存用户的联系信息，包括地址、电话和电子邮箱等，以便用户在订购宠物时获得送货与联系信息，这些信息在个人资料页进行处理。

【任务 11-12】制作个人资料页 UserProfile.aspx。

个人资料页的界面设计如图 11-9 所示，用户可以在此填写或修改个人资料。使用数据源控件及数据绑定控件 FormView 实现页面功能。

具体步骤如下。

（1）使用母版页新建个人资料页 UserProfile.aspx。

（2）使用层完成界面布局设计，源代码如下。

```
<%@ Page Title="" Language="C#" MasterPageFile="~/MasterPage.master"
AutoEventWireup="true" CodeFile="UserProfile.aspx.cs" Inherits="UserProfile" %>
    <asp:Content ID="Content1" ContentPlaceHolderID="cphPage" Runat="Server">
        <div class="profilePosition">
            <div class="checkoutHeaders">个人信息</div>
            <div class="info">用户名: <asp:Label ID="lblName" runat="server"
CssClass="info"></asp:Label></div>
            <!--个人资料修改-->
            <!--操作结果信息-->
            <asp:Label ID="lblMessage" runat="server" CssClass="label"></asp:
Label>
        </div>
    </asp:Content>
```

（3）显示当前用户的用户名。页面使用 Label 控件 lblName 显示用户名，在进入页面时即读取用户名并显示。在代码页面的 Page_Load 事件中添加以下代码。

```
protected void Page_Load(object sender, EventArgs e)
{
    if (Session["UserName"] != null)
        lblName.Text = Session["UserName"].ToString();    //显示用户名
}
```

（4）编辑个人资料。使用 FormView 控件，通过绑定数据源控件可完成用户资料的显示，以及编辑后的更新。切换到"设计"视图，从工具箱的"数据"控件组拖放 SqlDataSource 控件和 FormView 控件到页面布局中的个人资料修改位置。

（5）选中 SqlDataSource 控件，设置控件 ID 为 sdsAccount。使用前面创建的 cnPetShop 数据连接配置数据源。

（6）配置 Select 语句，查询当前登录用户的个人资料。设置查询用户表 Account 的所有字段，并配置 Select 语句的 WHERE 子句。单击"WHERE…"按钮，打开"添加 WHERE 子句"对话框，如图 11-14 所示。在"列"下拉列表中选择"Username"字段；在"运算符"下拉列表中选择"="；在"源"下拉列表中选择"None"。然后单击"添加"按钮，再单击"确定"按钮。完成后的 Select 语句如下。

```
SELECT [Username], [Email], [FirstName], [LastName], [Address], [City],
[State], [Zip], [Country], [Phone] FROM [Account] WHERE ([Username] =
@Username)。
```

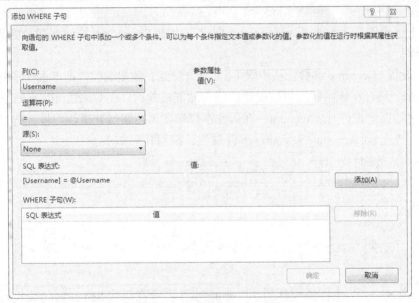

图 11-14　添加 WHERE 子句

（7）数据源需要能够更新个人资料，因此还需要配置数据源的更新语句。在"配置 Select 语句"界面中单击"高级"按钮，弹出图 11-15 所示的对话框，勾选"生成 INSERT、UPDATE 和 DELETE 语句"复选框。然后单击"确定"按钮回到"配置 Select 语句"界面。

图 11-15　高级 SQL 生成选项

（8）单击"下一步""完成"按钮，完成 sdsAccount 数据源控件的配置。

（9）修改 Update 语句。通过前面的配置，数据源控件自动生成了 INSERT、UPDATE 和 DELETE 语句。因为页面功能不需要 INSERT 和 DELETE 语句，所以删除它们。UPDATE 语句也需要进行检查修改，使之符合项目需要。切换到 UserProfile.aspx 页面源视图，在 sdsAccount 数据源控件代码中删除 InsertCommand、DeleteCommand 属性及其参数代码，UpdateCommand 属性设置如下。

```
UpdateCommand="UPDATE [Account] SET [Cname] = @Cname, [Country] = @Country,
[Province] = @Province, [City] = @City, [Address] = @Address, [Zip] = @Zip, [Phone]
= @Phone, [Email] = @Email WHERE [Username] = @Username"
```

经过上述设置后，数据源 sdsAccount 即可以完成 FormView 控件查询及更新用户资料的数据操作。

（10）设置 Username 参数。从步骤（6）可以看到，数据源控件的 Select 语句有一个参数 Username，只有在该参数的值被设置后语句才能被执行。在 UserProfile.aspx 页面设计视图中，选中数据源控件 sdsAccount，在属性窗口单击 按钮打开事件面板，选择 Selecting 事件双击，进入 sdsAccount_Selecting 事件过程，编写代码如下。

```
// 查询用户资料前，设置 SELECT 语句的 Username 参数
protected void sdsAccount_Selecting(object sender, SqlDataSourceSelecting
EventArgs e)
{
    e.Command.Parameters[0].Value = Session["UserName"].ToString();
}
```

技术要点

① 数据源控件的 Selecting 事件在数据源的 Select 语句被执行前触发，因此可在这里设置 Select 语句的参数值。

② e.Command.Parameters 可获得 Select 语句的参数集合。由于当前 Select 语句只有 Username 一个参数，因此设置 e.Command.Parameters[0] 的值即可。

③ Session["UserName"].ToString()用于在页面中获得当前用户的用户名。

（11）配置 FormView 控件使其满足功能要求。选中 FormView 控件，选择控件的数据源为 sdsAccount；然后在属性窗口中设置 ID 为 fvAccount，DefaultMode 的值为 Edit，作用是在页面打开时，让 FormView 控件默认处于编辑模式。

（12）编辑模板。数据源配置完成后，FormView 控件将根据数据源的字段结构自动生成包括只读、编辑和新增的默认模板布局。根据功能设计，UserProfile.aspx 页面只需完成对用户资料的编辑，因此可删除其中的只读模板（ItemTemplate）和新增模板（InsertTemplate）。切换到 UserProfile.aspx 页面源视图，删除 FormView 控件中的 <ItemTemplate>和<InsertTemplate>节点即可。

（13）FormView 自动生成的编辑模板 EditTemplate 的布局方式并不能满足要求，需要使用自定义模板。在控件的任务快捷菜单中选择"编辑模板"命令进入模板编辑器，选择"EditTemplate"进行编辑。

（14）删除模板中原有的所有内容。按照图 11-9 所示界面，添加 1 个表格到模板中布局，拖放控件搭建界面，完成后的源代码如下。

```
    <asp:FormView  ID="fvAccount"  runat="server"  DataKeyNames="Username"
DataSourceID="sdsAccount"      DefaultMode="Edit"     OnItemUpdated="fvAccount_
ItemUpdated">

    <EditItemTemplate>
        <table border="0" cellpadding="2" cellspacing="0">
        <tr>
            <td class="label" valign="top" width="50%">姓名<br />
                <asp:TextBox ID="txtCname" runat="server" Text='<%# Bind("Cname")
%>' CssClass="checkoutTextbox" MaxLength="80" Width="155px"></asp:TextBox><br />
                <asp:RequiredFieldValidator ID="valFirstName" runat="server"
ControlToValidate="txtCname" CssClass="asterisk" ErrorMessage="请 输 入 姓 名
"></asp:RequiredFieldValidator></td>
            <td class="label" colspan="2" valign="top"> </td>
        </tr>
        <tr>
            <td class="label" style="height: 19px" valign="top" width="50%">
国家<br />
                <asp:TextBox  ID="txtCountry"  runat="server"  Text='<%#  Bind
("Country")  %>'  CssClass="checkoutTextbox"  MaxLength="80"  Width="155px">
</asp:TextBox><br />
                <asp:RequiredFieldValidator  ID="valCountry"  runat="server"
ControlToValidate="txtCountry" CssClass="asterisk" ErrorMessage="请输入国家
"></asp:RequiredFieldValidator></td>
            <td class="label" style="height: 19px" valign="top" width="20%">
省<br />
```

```
            <asp:TextBox   ID="txtState"   runat="server"   Text='<%#  Bind
("Province") %>' CssClass="checkoutTextbox" MaxLength="80" Width="155px">
</asp:TextBox><br />
            <asp:RequiredFieldValidator    ID="valState"    runat="server"
ControlToValidate="txtState" CssClass="asterisk" ErrorMessage="请输入省份
"></asp:RequiredFieldValidator></td>
        </tr>
        <tr>
            <td class="label" style="height: 19px" valign="top" width="50%">
城市<br />
            <asp:TextBox ID="txtCity" runat="server" Text='<%# Bind("City")
%>' CssClass="checkoutTextbox" MaxLength="80" Width="155px"></asp:TextBox><br />
            <asp:RequiredFieldValidator    ID="valCity"    runat="server"
ControlToValidate="txtCity" CssClass="asterisk" ErrorMessage="请输入城市
"></asp:RequiredFieldValidator>
            <td class="label" style="width: 100px; height: 19px;" valign="top">
邮编<br />
            <asp:TextBox ID="txtZip" runat="server" Text='<%# Bind("Zip")
%>' CssClass="checkoutTextbox" MaxLength="20" Width="65px"></asp:TextBox><br />
            <asp:RequiredFieldValidator ID="valZip" runat="server" Control
ToValidate="txtZip" CssClass="asterisk" Display="Dynamic" ErrorMessage="请输
入邮编"></asp:RequiredFieldValidator></td>
        </tr>
        <tr>
            <td class="label" colspan="3" valign="top">地址<br />
            <asp:TextBox   ID="txtAddress"   runat="server"   Text='<%#  Bind
("Address") %>' CssClass="checkoutTextbox" MaxLength="80" Width="330px">
</asp:TextBox><br />
            <asp:RequiredFieldValidator   ID="valAddress"   runat="server"
ControlToValidate="txtAddress" CssClass="asterisk" ErrorMessage="请输入地址
"></asp:RequiredFieldValidator><br /></td>
        </tr>
        <tr>
            <td class="label" colspan="3" valign="top">电话号码<br />
            <asp:TextBox    ID="txtPhone"   runat="server"   Text='<%#   Bind
("Phone") %>' CssClass="checkoutTextbox" MaxLength="20" Width="155px"></asp:
TextBox><br />
            <asp:RequiredFieldValidator ID="valPhone" runat="server" Control
ToValidate="txtPhone" CssClass="asterisk" ErrorMessage="请输入电话号码
```

```
"></asp:RequiredFieldValidator></td>
        </tr>
        <tr>
            <td class="label" colspan="3" style="height: 62px" valign="top">
Email<br />
                <asp:TextBox  ID="txtEmail"  runat="server"  Text='<%# Bind
("Email") %>' CssClass="checkoutTextbox" MaxLength="80" Width="330px"></asp:
TextBox><br />
                <asp:RequiredFieldValidator ID="valEmail" runat="server" Control
ToValidate="txtEmail" CssClass="asterisk" Display="Dynamic" ErrorMessage="请
输入 Email"></asp:RequiredFieldValidator>
                <asp:RegularExpressionValidator ID="valEmail1" runat="server"
ControlToValidate="txtEmail" CssClass="asterisk" Display="Dynamic" Error
Message="无效的 Email 地址" ValidationExpression="\w+([-+.']\w+)*@\w+([-.]\w+)
*\.\w+([-.]\w+)*"></asp:RegularExpressionValidator></td>
        </tr>
        </table>
        <div align="right" class="checkoutButtonBg">
            <!--提交更新命令的按钮-->
            <asp:LinkButton ID="btnSubmit" runat="server" CausesValidation=
"true" CommandName="Update" CssClass="submit" Text="更新"></asp:LinkButton>
        </div>
    </EditItemTemplate>
</asp:FormView>
```

　　需要注意的是，在模板中各个输入框控件均使用双向数据绑定 Bind 函数将字段值绑定到 Text 属性。目的是既可以把数据源中的数据设置到输入框中，也可以把输入框修改后的数据更新到数据源。这里不能使用单向数据绑定 Eval 函数。

　　模板中的每个编辑控件均使用了验证控件校验输入的合法性。其中 Email 地址输入框还使用了正则表达式验证控件 RegularExpressionValidator，通过正则表达式控制合法的 Email 地址输入。

　　EditTemplate 模板的作用是编辑并更新数据，因此要求模板中必须有一个 CommandName 属性为 Update 的按钮控件，用于更新命令的提交。代码中 ID 为 btnSubmit 的 LinkButton 控件即作此用。页面运行时，用户单击该按钮，即触发更新命令，FormView 控件自动调用数据源控件中的 Update 语句完成数据库更新。

　　（15）显示操作结果信息。当 FormView 的数据更新成功后，可利用页面中 ID 为 lblMessage 的 Label 控件显示操作结果信息。

　　打开 UserProfile.aspx 页面设计视图，在 FormView 控件的属性窗口单击 按钮切换到事件面板，选择 ItemUpdated 事件双击，进入事件过程，编写代码如下。

```
//当用户资料更新完成后，设置操作结果信息
protected void fvAccount_ItemUpdated(object sender, FormViewUpdated
EventArgs e)
{
    lblMessage.Text = "你的资料已成功更新<br>";
}
```

（16）完成后测试运行效果。

【任务 11-13】制作个人资料页访问控制。

个人资料页只允许登录用户访问，未登录用户若想访问则，会先将页面跳转到登录页。页面跳转时传递一个参数，用以保存当前网页的路径，以便登录后跳转回来。在代码页面的 Page_Load 事件中添加以下代码。

```
protected void Page_Load(object sender, EventArgs e)
{
    if (Session["UserName"] == null)              //未登录
        Response.Redirect("~/SignIn.aspx?from=~/UserProfile.aspx");  //不
允许访问页面，跳转到登录页，并传递参数 from，其值为当前网页路径，以便登录后跳回个人资料页
}
```

11.10 商品展示

网站通过 Products.aspx 页面展示所销售的宠物。

【任务 11-14】制作商品展示页 Products.aspx。

商品展示页的界面设计如图 11-2 所示，Products.aspx 页面使用一个 DataList 控件，以两列的形式展示商品，每个商品包括商品名称、描述、价格、图片等信息。此外，页面显示哪一类的宠物由用户单击宠物分类链接时传递的查询字符串决定。

具体步骤如下。

（1）使用母版页新建商品展示页 Products.aspx。

（2）展示商品。使用 DataList 控件绑定数据源控件实现商品信息的显示。切换到"设计"视图，从工具箱的"数据"控件组中拖放 SqlDataSource 控件和 DataList 控件到页面布局中的商品展示位置。

（3）选中 SqlDataSource 控件，设置控件 ID 为 sdsProduct；使用前面创建的数据连接 cnPetShop 配置数据源。

（4）配置 Select 语句，查询所选类别的商品的信息。设置查询产品表 Product 的所有字段，然后单击"WHERE…"按钮，打开"添加 WHERE 子句"对话框，如图 11-16 所示，在"列"下拉列表中选择"CategoryId"字段；在"运算符"下拉列表中选择"="；在"源"下拉列表中选择"QueryString"；在"参数属性 QueryString 字段"文本框中填写"CategoryId"。然后单击"添加"按钮，再单击"确定"按钮回到配置 Select 语句窗口。

完成后的 Select 语句如下。

```
SELECT * FROM [Product] WHERE ([CategoryId] = @CategoryId)
```

图 11-16　添加类别 WHERE 子句

技术要点

　　图 11-16 中的"源"下拉列表用于指定 WHERE 子句中的参数值从哪里获取。在主页和母版页的宠物分类菜单设计中，宠物分类的链接具有如下形式。

　　~/Products.aspx?categoryId=类别 ID&name=类别名称

　　其中?后的内容为查询字符串 QueryString，传递了两个参数 categoryId 和 name，值分别为类别 ID 和类别名称。当用户单击某个分类链接打开商品展示页时，数据源控件将根据链接中的查询字符串变量 categroyId 自动设置参数值。

　　（5）单击"下一步""完成"按钮，完成 sdsProduct 数据源控件的配置。

　　（6）配置 DataList 控件。选中 DataList 控件，选择控件的数据源为 sdsProduct。然后在属性窗口中设置 ID 为 dlProduct，RepeatColumns 为 2，表示以两列显示商品，Width 为 620px，CellPadding 为 16px，HorizontalAlign 为 Center。

　　（7）编辑控件的 ItemTemplate 模板，完成宠物信息展示。在控件的任务快捷菜单中选择"编辑模板"命令进入模板编辑器，选择"ItemTemplate"进行编辑。

　　（8）删除模板中原有的所有内容，按照图 11-2 所示界面，使用层布局，拖放控件搭建界面，完成后的源代码如下。

```
<asp:datalist runat="server" ID="dlProduct" CellPadding="16" DataKey
Field="ProductId" DataSourceID="sdsProduct" RepeatColumns="2" Width="620px"
HorizontalAlign="Center">
<ItemTemplate>
    <div class="divLeft">
        <img id="imgProduct" alt='<%# Eval("Name") %>' src='<%# Eval("Image")
%>' style="border-width: 0px;" runat="server" />
```

```
        </div>
        <div class="divRight">
            <div class="productName">
                <%# Eval("Name") %>
            </div>
            <div class="productDescription">
                <%# Eval("Descn") %>
            </div>
            <div class="itemText">
                价格：<%# Eval("ListPrice", "{0:c}") %>
            </div>
            <div class="itemText">
                <asp:HyperLink ID="lnkCart" runat="server" NavigateUrl='<%#
string.Format("~/ShoppingCart.aspx?ProductId={0}&Name={1}&Price={2}&Categor
yId={3}", Eval("ProductId"), Eval("Name"), Eval("ListPrice"), Eval
("CategoryId")) %>' CssClass="linkCart" Text="添加到购物车"></asp:HyperLink>
            </div>
            <div class="itemText">
                <asp:HyperLink ID="lnkWishList" runat="server" NavigateUrl=
'<%# string.Format("~/WishList.aspx?ProductId={0}", Eval("ProductId")) %>'
CssClass="linkWishlist" Text="收藏"></asp:HyperLink>
            </div>
        </div>
    </ItemTemplate>
</asp:datalist>
```

与前面设计宠物分类菜单类似，模板中大量使用 Eval 函数绑定数据字段到相应控件属性以显示信息。

（9）完成后运行网页查看效果。

【任务 11-15】制作商品展示页 Products.aspx 的页面标题。

Products.aspx 的页面标题为动态标题，显示当前的宠物分类名称。在页面加载事件中编写如下代码。

```
protected void Page_Load(object sender, EventArgs e)
{
    //设置页面标题为查询字符串中 name 参数的值
    Page.Title = Request.QueryString["name"];
}
```

11.11 购物车

在商品展示页中，每个宠物商品都有"添加到购物车"链接，用户单击该链接，该商品即放置到用户的购物车中,代表用户准备订购的商品。

【任务 11-16】制作购物车页 ShoppingCart.aspx,将用户所选商品放入购物车。

在商品展示页中,每个商品都有一个"添加到购物车"链接,表示为:~/Shopping
Cart.aspx?ProductId=产品 ID&Name =产品名称&Price=单
价&CategoryId=类别名称。用户单击链接时,购物车页面
需要把查询字符串中指定的商品信息添加到购物车数据
表 Cart 中。

在更新 Cart 表时,如果添加到购物车的商品不在用户
的购物车中,则需要新增一条商品记录,商品数量为 1;
如果商品已经在用户的购物车中,则更新 Cart 表相应的记
录,商品数量加 1。功能流程如图 11-17 所示。

从图 11-17 可以看到,添加商品到购物车需要执行两
次数据库操作,一个是更新操作,如果更新操作对数据表
记录影响行数为 0,则表明购物车表中并没有该用户该商
品的购买记录,再执行第二个插入操作。两次数据库操作
都用 ADO.NET 编程的方式完成。

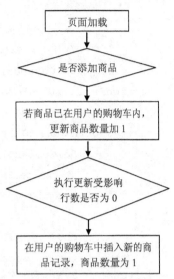

图 11-17　添加商品到购物车的流程

具体步骤如下。

(1)使用母版页新建购物车页 ShoppingCart.aspx。

(2)页面访问控制。购物车页面只允许登录用户访问,在后台代码页 ShoppingCart.
aspx.cs 文件的 Page_Load 事件中添加以下代码。

```
protected void Page_Load(object sender, EventArgs e)
{
    if (Session["UserName"] == null)              //未登录
        string QSValue = "~/Products.aspx?CategoryId="+ Request.QueryString
["CategoryId"];  //设置登录后跳回页面的 Url 地址,跳转回到产品页
        Response.Redirect("~/SignIn.aspx?from="+ QSValue);  //不允许访问页
面,跳转到登录页
}
```

(3)添加商品到购物车。由于需要用到 ADO.NET 编程接口,先在后台代码页
ShoppingCart.aspx.cs 文件中添加名称空间引用,代码如下。

```
using System.Data;
using System.Data.SqlClient;
using System.Configuration;
```

然后按照图 11-17 所示流程,在 Page_Load 事件中编写如下代码。

```
protected void Page_Load(object sender, EventArgs e)
{
    //只有在页面为首次加载访问而非回发的情况下,才执行以下代码
    if (!IsPostBack)
```

```
    {
        //如果查询字符串中 ProductId 字段不为空, 则把该商品添加一个到购物车中
        if (!string.IsNullOrEmpty(Request.QueryString["ProductId"]))
        {
            //首先假设商品已在购物车中, 只需对购物车的商品数量加 1
            //使用 ADO.NET, 以编程的方式执行 SQL 语句完成更新
            SqlConnection cn = new SqlConnection(ConfigurationManager.
ConnectionStrings["cnPetShop"].ToString());
            string sqlUpdate = "UPDATE Cart SET Quantity=Quantity+1 WHERE
Username=@Username AND ProductId=@ProductId";
            SqlCommand cmdUpdate = new SqlCommand(sqlUpdate, cn);
            cmdUpdate.Parameters.AddWithValue("@Username",Session["UserName"]);
            cmdUpdate.Parameters.AddWithValue("@ProductId", Request.QueryString
["ProductId"]);
            cn.Open();
            int numUpdated = cmdUpdate.ExecuteNonQuery();
            //如果更新的记录行数 numUpdate 为 0, 说明购物车不存在该商品
            if (numUpdated <= 0)
            {
                //为购物车添加新的商品, 数量为 1
                string sqlInsert = "insert into Cart values(@Username,
@ProductId,@Name,@Price,@CID,1)";
                SqlCommand cmdInsert = new SqlCommand(sqlInsert, cn);
                cmdInsert.Parameters.AddWithValue("@Username", Session
["UserName"]);
                cmdInsert.Parameters.AddWithValue("@ProductId", Request.
QueryString["ProductId"]);
                cmdInsert.Parameters.AddWithValue("@Name", Request.QueryString
["Name"]);
                cmdInsert.Parameters.AddWithValue("@Price", Request.QueryString
["Price"]);
                cmdInsert.Parameters.AddWithValue("@CID", Request.QueryString
["CategoryId"]);
                cmdInsert.ExecuteNonQuery();
            }
            cn.Close();
        }
    }
}
```

（4）完成后运行网站，顺序执行以下操作：登录、浏览宠物商品、反复添加商品到购物车，测试添加商品到购物车的功能，由于还未制作购物车的查看显示功能，所以需要在Cart 数据表中查看结果。

【任务 11-17】查看购物车信息。

购物车页的界面设计如图 11-6 所示，页面主要包括购物车 GridView、总计金额、继续选购/结算链接三个部分内容。页面使用 GridView 控件，以网格的形式展示当前用户拟订购的商品记录，每个商品包括商品名称、数量、价格信息，用户可以删除购买的商品，也可以修改购买数量。

具体步骤如下。

（1）打开购物车页 ShoppingCart.aspx，按照图 11-6 所示界面，使用层布局并拖放控件搭建界面，按照表 11-11 所示设置控件属性。

表 11-11　购物车页面控件属性设置

控　件	属　性	值	说　明
SqlDataSource	ID	sdsCart	购物车的数据源
GridView	ID	gvCart	显示购物车商品信息
	HorizontalAlign	Center	
	Width	400px	
	EmptyDataText	购物车中没有商品	
	AutoGenerateColumns	False	
Literal	ID	ltlTotal	显示总价
ImageButton	ID	ibtnBack	继续选购图片按钮
	ImageUrl	~/Comm_Images/button-home.gif	
LinkButton	ID	lbtnBack	继续选购链接按钮
	CssClass	linkCheckOut	

购物车页面源代码如下。

```
<%@ Page Title="购物车" Language="C#" MasterPageFile="~/MasterPage.master"
AutoEventWireup="true" CodeFile="ShoppingCart.aspx.cs" Inherits="ShoppingCart" %>
    <asp:Content ID="Content1" ContentPlaceHolderID="cphPage" Runat="Server">
        <div class="cartPosition">
            <div class="cartHeader">购物车中的商品</div>
            <!--购物车内容-->
            <asp:SqlDataSource ID="sdsCart" runat="server"></asp:SqlDataSource>
            <asp:GridView ID="gvCart" runat="server" HorizontalAlign="Center"
Width="400px" EmptyDataText="购物车中没有商品" AutoGenerateColumns
="False"></asp:GridView>
```

```
            <!--总计-->
            <div class="dottedLineCentered"> </div>
            <div class="total">
                <asp:Literal ID="ltlTotal" runat="server"></asp:Literal>
            </div>
            <!--继续选购/结算-->
            <div class="otherCon" >
                <asp:ImageButton  ID="ibtnBack"  runat="server"  ImageUrl="~
/Comm_Images/button-home.gif" />
                <asp:LinkButton  ID="lbtnBack"  runat="server"  CssClass="link
CheckOut">继续选购</asp:LinkButton><br />
                <a href="CheckOut.aspx"><img border="0" src="Comm_Images/button-
checkout.gif"></a>
                <a class="linkCheckOut" href="CheckOut.aspx">结算</a>
            </div>
        </div>
    </asp:Content>
```

（2）展示购物车商品信息。选中 SqlDataSource 控件，使用数据连接 cnPetShop 配置数据源。配置 Select 语句，查询购物车表 Cart 的所有字段。

（3）配置 Select 语句的 WHERE 子句。与 UserProfile.aspx 页面的数据源类似，购物车的数据源也只查询当前用户的数据，因此还需要配置 WHERE 子句。单击"WHERE…"按钮，打开"添加 WHERE 子句"窗口。在"列"下拉列表中选择"Username"字段；在"运算符"下拉列表中选择"="；在"源"下拉列表中选择"None"；然后单击"添加"按钮，再单击"确定"按钮回到"配置 Select 语句"界面，然后单击"下一步""完成"按钮退出数据源配置向导。

完成后的 Select 语句如下。

```
SELECT * FROM [Cart] WHERE ([Username] = @Username)
```

（4）设置 Username 参数。当页面运行时，在数据源执行 SELECT 语句前需要设置 Username 参数值为当前用户的用户名。在数据源控件 sdsCart 的事件窗口双击 Selecting 事件，进入事件过程，编写代码如下。

```
// 查询用户购物车前，设置 SELECT 语句的用户名参数
protected void sdsCart _Selecting(object sender, SqlDataSourceSelecting
EventArgs e)
{
    e.Command.Parameters[0].Value = Session["UserName"].ToString();
}
```

（5）选中 GridView 控件，配置控件的数据源为 sdsCart。此时，GridView 控件将绑定到数据源 sdsCart。

（6）设置 GridView 控件样式。GridView 控件的默认样式不能满足网站的美工要求，重新配置 GridView 的表头样式、行样式。在属性面板中，设置 HeaderStyle 的 CssClass 属性为 "labelLists"，设置 RowStyle 的 CssClass 属性为 "listItem"、Height 为 "30px"。其中，labelLists 和 listItem 样式定义在网站主题的样式表文件中。

（7）编辑 GridView 控件的列。首先添加 "商品名称" 列，使用链接列。在控件的任务快捷菜单中选择 "编辑列" 命令，打开 "字段" 对话框，如图 11-18 所示，添加 1 个 HyperLinkField 字段，设置 HeaderText 属性为 "名称"，DataTextField 属性为 "Name"，DataNavigateUrlFormatString 属性为 "~/Products.aspx?categoryId={0}"，DataNavigateUrlFields 属性为 "CategoryId"。

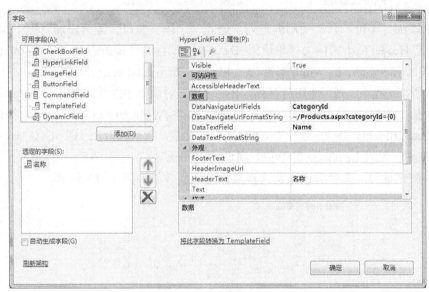

图 11-18　添加 "名称" 列

（8）添加 "数量" 列，使用模板列。在 "字段" 对话框中继续 "添加" 1 个 TemplateField 字段，设置 HeaderText 属性为 "数量"，ItemStyle 的 Width 属性为 "40px"。然后单击 "确定" 按钮关闭 "字段" 窗口。

（9）编辑 "数量" 列模板，用文本框显示数量以便修改，并使用 RangeValidator 验证控件确保数量输入合法。在 GridView 任务快捷菜单中选择 "编辑模板" 命令打开模板编辑器，选择 "数量" 列的 ItemTemplate 模板，在模板中放入 TextBox 控件和 RangeValidator 控件，按照表 11-12 所示设置属性。接下来选中 TextBox 控件，在 TextBox 任务菜单中选择 "编辑 DataBingdings" 命令，在弹出的对话框中选择 Text 属性，绑定 Quantity 字段 "结束模板编辑"。

表 11-12　"数量" 列模板控件属性设置

控　　件	属　　性	值	说　　明
TextBox	ID	txtQuantity	显示商品购买数量
	Width	20px	

续表

控　件	属　性	值	说　明
RangeValidator	ID	RangeValidator1	检查输入数量
	ControlToValidate	txtQuantity	
	Type	Integer	
	MinimumValue	1	
	MaximumValue	100	
	ErrorMessage	请输入 1 到 100 的整数	

（10）添加"单价"列，使用绑定列。进入"字段"窗口，继续添加 1 个 BoundField 字段，设置 HeaderText 属性为"单价"，DataField 属性为"ListPrice"，DataFormatString 属性为"{0:C}"，ItemStyle 的 Width 属性为"40px"、HorizontalAlign 为"Center"。

（11）添加"收藏"列，使用链接列。在"字段"对话框中继续添加 1 个 HyperLinkField 字段，设置 DataNavigateUrlFormatString 属性为"~/WishList.aspx?ProductId={0}"，设置 DataNavigateUrlFields 属性为"ProductId"，设置 ControlStyle 的 CssClass 属性为"linkWishlist"，设置 ItemStyle 的 Width 属性为"20px"。

（12）测试运行。登录后进入购物车页面，页面效果如图 11-19 所示。

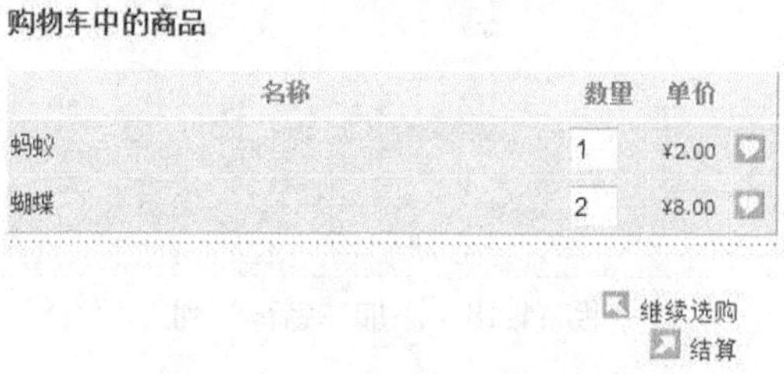

图 11-19　显示购物车商品信息

【任务 11-18】计算并显示购物车商品总价。

计算总价的基本思路是，逐行计算购物车 GridView 中每个商品的金额（数量×单价），再进行累加。

每个商品金额的计算在 GridView 控件的 RowDataBound 事件中完成。RowDataBound 事件在 GridView 的数据行绑定数据时发生，GridView 控件每获取一行数据即触发一次 RowDataBound 事件，在此事件中计算各个商品的金额并累加，所有数据行累加完毕后即显示总价。

具体步骤如下。

（1）打开购物车页 ShoppingCart.aspx。

（2）选中 GridView 控件，在事件窗口中双击 RowDataBound 事件，进入事件过程，编写代码如下。

```
// 计算总计金额
private decimal total;  // 用于保存总计金额的私有成员变量
```

```
protected void gvCart_RowDataBound(object sender, GridViewRowEventArgs e)
{
    //若当前 GridView 的行类型为数据行，则进行计算
    if (e.Row.RowType == DataControlRowType.DataRow)
    {
        DataRowView dr = e.Row.DataItem as DataRowView;
        //从 DataRowView 对象 dr 中可获得当前行数据的各个字段值，如当前行的单价字段为
dr.Row["Price"]
        //计算当前行商品的金额（数量×单价），并累加到总计金额 total 中
        total += Convert.ToInt32(dr.Row["Quantity"]) * Convert.ToDecimal
(dr.Row["ListPrice"]);
    }
    else if (e.Row.RowType == DataControlRowType.Footer)
    {
        //若当前行是脚注行，即数据行绑定过程已结束，显示总计金额 total
        ltlTotal.Text = "总价：  "+total.ToString("C");
    }
    else
    {
        //若购物车无商品，ltlTotal 显示为空
        ltlTotal.Text = "";
    }
}
```

（13）完成后测试运行效果，页面效果如图 11-20 所示。

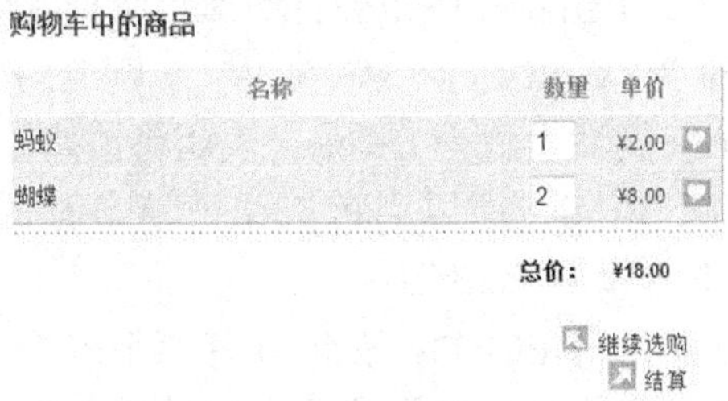

图 11-20　显示购物车商品总价

【任务 11-19】制作购物车删除商品的功能。

在购物车中使用数据源控件实现删除功能，具体步骤如下。

（1）打开购物车页 ShoppingCart.aspx。

（2）为 GridView 控件添加"删除"按钮列。选中 GridView 控件，进入"字段"对话框，添加 1 个 ButtonField 字段，设置 CommandName 属性为"Delete"，ButtonType 属性为"Image"，ImageUrl 属性为"~/Comm_Images/button-delete.gif"，ItemStyle 的 Width 属性为"20px"。单击 ↑ 按钮将它移到最前列。

（3）配置数据源的 DELETE 语句。选中数据源控件 sdsCart，配置数据源，进入配置 Select 语句窗口，选择"自定义存储语句或存储过程"，单击"下一步"按钮，在弹出的窗口中选择"DELETE"选项卡，如图 11-21 所示，输入 SQL 语句如下。

```
DELETE FROM [Cart] WHERE ([Username] = @Username) AND ([ProductId] = @ProductId)
```

图 11-21　定义 DELETE 语句

然后单击"下一步"按钮完成配置。

（4）完成后测试运行效果，单击每行商品前的删除按钮即可删除该行商品。

技术要点

在上面的删除功能中，有如下两个问题需要注意。

① 页面中并没有编写调用执行数据源 DELETE 语句的代码或进行相关设置，为什么单击删除按钮会自动执行数据源中的 DELETE 语句？

这是因为 GridView 控件中，删除按钮列 <ButtonField> 的 CommandName 属性设置为 Delete，表明将该按钮绑定到 GridView 的数据源的 DELETE 语句，所以当该按钮被单击时，会自动执行关联数据源 sdsCart 配置的 DELETE 语句。

② 数据源的 DELETE 语句含有两个参数，它们是 @Username 和 @ProductId，页面中并没有设置两个参数的值的代码或配置，删除语句执行时如何获得这两个参数的值？

在使用向导配置 GridView 控件的数据源时，GridView 控件自动设置了 DataKeyNames 属性，其值为数据源 SELECT 语句查询结果的主键，即 Cart 表的主键 Username 和 ProductId。而数据源 DELETE 语句的参数即默认为该主键，表示根据主键删除表的一条记录。在 CommandName 属性为 Delete 的命令按钮被触发时，GridView 控件将被删除行的主键自动设置到 DELETE 语句的参数中，无须人工设置。

【任务 11-20】修改购物车商品的购买数量。

购物车允许用户直接修改商品的购买数量，用户在商品数量文本框中修改了数量后，按 Enter 键，即可把当前 GridView 控件中的商品数量更新到数据库 Cart 表。

具体步骤如下。

（1）打开购物车页 ShoppingCart.aspx。

（2）配置数据源控件，添加 UPDATE 语句。选中数据源控件 sdsCart，配置数据源，自定义 UPDATE 语句如下。

```
UPDATE [Cart] SET [Quantity] = @Quantity WHERE ([Username] = @Username) AND
([ProductId] = @ProductId)
```

（3）实现修改数量功能。选中 GridView 控件，编辑 "数量" 列的 ItemTemplate 模板，在模板中选中 TextBox 控件，设置 AutoPostBack 属性为 "True"，然后双击 TextBox 控件进入代码页面的 txtQuantity_TextChanged 事件，编写代码如下。

```
// 用户在文本框中更新数量后按 Enter 键更新数据库，重新计算合计
protected void txtQuantity_TextChanged(object sender, EventArgs e)
{
    //遍历 GridView 控件中的所有行，把每一行的数据更新到数据库中
    for (int i = 0; i < gvCart.Rows.Count; i++)
    {
    //调用 GridView 控件的 UpdateRow 方法，用数据源的 Update 语句更新指定行
        gvCart.UpdateRow(i, false);
    }
}
```

GridView 控件的 UpdateRow 方法将自动调用数据源的 UPDATE 语句更新指定行。与【任务 11-19】类似，UPDATE 语句中的参数值由 GridView 控件自动设置。

（4）测试运行。修改商品数量后按 Enter 键，即更新数据库，页面显示更新后的数量及新的购物车商品总价。

【任务 11-21】实现 "继续选购" 功能。

单击 "继续选购" 图片或文字链接，都会回到产品页面，方便用户继续购买。

具体步骤如下。

（1）打开购物车页 ShoppingCart.aspx。

（2）双击 "继续选购" 链接，进入 lbtnBack_Click 事件，编写代码如下。

```
//继续选购，跳转回产品页
protected void lbtnBack_Click(object sender, EventArgs e)
{
    if (Request.QueryString["CategoryId"] != null)
        Response.Redirect("~/Products.aspx?CategoryId="+ Request.QueryString
["CategoryId"]);
    else
```

```
Response.Redirect("~/Products.aspx?CategoryId=BACKYARD");
}
```

（3）单击"继续选购"图片按钮，在事件窗口的 Click 事件中输入"lbtnBack_Click"，表示单击该图片即执行与单击"继续选购"链接按钮 lbtnBack 相同的代码。

（4）完成后运行页面查看效果。

11.12 结算与生成订单

在购物车页面单击"结算"链接可生成订单，结算页面如图 11-7 所示。在结算页提交订单前，需最后确认该订单的商品、数量、金额以及用户资料，用户单击"提交订单"后页面切换到订单成功信息界面，如图 11-8 所示。

【任务 11-22】制作结算页 CheckOut.aspx，完成页面布局和基本设计。

结算页主要分成两大部分区域，一部分为提交订单区域，在提交订单前显示内容；另一部分为结果信息区域，用于提交订单后显示。它们分别用两个容器控件 Panel 来装载。

具体步骤如下。

（1）使用母版页新建结算页 CheckOut.aspx。

（2）设计界面。按照图 11-7 和图 11-8 所示，使用层布局，拖放控件搭建界面，并按照表 11-13 设置控件属性。

表 11-13　结算页面控件属性设置

控　件	属　性	值	说　明
Panel	ID	panForm	提交订单区域
Panel	ID	panFinish	完成信息区域
	Visible	false	
Literal	ID	ltlTotal	显示商品金额总计
LinkButton	ID	FinishButton	提交订单按钮
	Text	提交订单	
	CssClass	submit	

完成后页面源代码如下。

```
<%@ Page Title="结算" Language="C#" MasterPageFile="~/MasterPage.master"
AutoEventWireup="true" CodeFile="CheckOut.aspx.cs" Inherits="CheckOut" %>
<asp:Content ID="Content1" ContentPlaceHolderID="cphPage" Runat="Server">
    <div class="checkoutContent">
        <!--提交订单区域-->
        <asp:Panel ID="panForm" runat="server">
            <div class="cartHeader">订购商品</div>
            <!--订购商品列表-->
            <!--订购商品金额总计-->
```

```
        <div class="total">
            <asp:Literal ID="ltlTotal" runat="server"></asp:Literal>
        </div>
        <!--个人资料信息-->
        <!--提交订单按钮-->
        <div class="checkoutButtonBg">
            <asp:LinkButton ID="FinishButton" runat="server" CssClass=
"submit">提交订单</asp:LinkButton>
        </div>
    </asp:Panel>
    <!--完成信息区域-->
    <asp:Panel ID="panFinish" runat="server" Visible="false">
        <div class="checkOutLabel">
            感谢您的订购！<br /><br />
            <p>订单商品将开始配送，请保持联系方式畅通。</p>
            <p>如对本订单有任何疑问，请随时联系我们的客户服务 400800687。</p>
            <p> .NET 宠物店团队</p>
        </div>
    </asp:Panel>
</div>
</asp:Content>
```

上述代码中，ID 为 panForm 的 Panel 控件为提交订单区域，用于提交订单前显示；ID 为 panFinish 的 Panel 控件为订单完成后的结果信息区域，用于提交订单后显示（注意，该 Panel 控件初始被设置为不可见）。

（3）访问控制。和购物车页面一样，结算页只允许登录用户访问，在后台代码文件的 Page_Load 事件中添加以下代码。

```
protected void Page_Load(object sender, EventArgs e)
{
    //未登录用户不允许访问，跳转到登录页，并传参数 from 使得登录后跳回结算页
    if (Session["UserName"] == null)
        Response.Redirect("~/SignIn.aspx?from=CheckOut.aspx");
}
```

【任务 11-23】显示用户订购商品及总价。

显示用户订购商品也就是显示当前用户的购物车内容，制作步骤与【任务 11-17】类似。使用 GridView 控件绑定 SqlDataSource 数据源控件，查询并显示购物车表 Cart 的内容。显示商品总价的制作过程与【任务 11-18】一样。

具体步骤如下。

（1）打开结算页 CheckOut.aspx。

（2）从工具箱拖放 SqlDataSource 控件、GridView 控件到页面"订购商品列表"位置，设置 SqlDataSource 控件 ID 为"sdsCart"，GridView 控件 ID 为"gvCart"。

（3）选中 SqlDataSource 控件，按照【任务 11-17】中的步骤（2）~（4）配置数据源。

（4）选中 GridView 控件，配置数据源为 sdsCart。此时，GridView 控件将绑定到数据源 sdsCart 自动显示列。

（5）设置 GridView 控件的外观样式。在属性面板中设置 HeaderStyle 的 CssClass 属性为"labelLists"，RowStyle 的 CssClass 属性为"listItem"、Height 为"30px "；设置控件Width 为"250px"，CellPadding 为"5"，EmptyDataText 属性为"购物车中没有商品"。

（6）编辑列。在控件的任务快捷菜单中选择"编辑列"命令，打开"字段"对话框。在"选定的字段"列表框中移除不需要显示的"UserName""ProductId"和"CategoryId"字段。

（7）选中"Name"字段，设置 HeaderText 属性为"名称"。

（8）选中"Quantity"字段，设置 HeaderText 属性为"数量"，ItemStyle 的 Width 属性为"40px"、HorizontalAlign 为"Center"，并将它上移到"单价"字段之前。

（9）选中"ListPrice"字段，设置 HeaderText 属性为"单价"，DataFormatString 属性为"{0:C}"，ItemStyle 的 Width 属性为"40px"、HorizontalAlign 为"Center"。

（10）计算并显示商品总计金额。参照【任务 11-18】的步骤完成。注意，需要在代码页面添加引用命名空间的语句"using System.Data;"。

（11）运行测试页面效果。

【任务 11-24】显示用户资料信息。

使用 FormView 控件绑定 SqlDataSource 数据源控件，在用户表 Account 中查询并显示当前用户的信息。

具体步骤如下。

（1）打开结算页 CheckOut.aspx。

（2）从工具箱拖放 SqlDataSource 控件、FormView 控件到页面"个人资料信息"位置，设置 SqlDataSource 控件 ID 为 sdsAccount，FormView 控件 ID 为 fvAccount。

（3）选中 SqlDataSource 控件，参照【任务 11-12】中的步骤（5）~（6）以及步骤（10）配置数据源及其参数。

（4）选中 FormView 控件，配置控件的数据源为 sdsAccount。完成后 FormView 控件将自动显示数据源 sdsAccount 查询返回的数据。

（5）编辑 FormView 控件模板。删除 FormView 控件自动生成的编辑模板 EditTemplate 和插入模板 InsertTemplate，只保留只读模板 ItemTemplate。

（6）FormView 自动生成的只读模板 ItemTemplate 的布局方式并不能满足要求，需要进行编辑。在控件的任务快捷菜单中选择"编辑模板"命令进入模板编辑器，选择"ItemTemplate"进行编辑。删除模板中原有的所有内容，参照图 11-7 所示界面添加 1 个表格到模板中布局，拖放控件搭建界面，完成后的源代码如下。

```
    <asp:FormView  ID="fvAccount"  runat="server"  DataKeyNames="Username"
DataSourceID="sdsAccount">
```

```
    <ItemTemplate>
        <table border="0" cellpadding="2" cellspacing="0">
        <tr>
            <td class="label" valign="top" width="50%">姓名<br />
                <asp:TextBox  ID="txtCname"  runat="server"  Text='<%#  Bind
("Cname") %>' CssClass="checkoutTextbox" Width="155px" ReadOnly="True"></asp:
TextBox></td>
            <td class="label" colspan="2" valign="top"> </td>
        </tr>
        <tr>
            <td class="label" style="height: 19px" valign="top" width="50%">
国家<br />
                <asp:TextBox  ID="txtCountry"  runat="server"  Text='<%#  Bind
("Country")  %>'  CssClass="checkoutTextbox"  Width="155px"  ReadOnly="True">
</asp:TextBox></td>
            <td class="label" style="height: 19px" valign="top" width="20%">
省<br />
                <asp:TextBox  ID="txtState"  runat="server"  Text='<%#  Bind
("Province")  %>' CssClass="checkoutTextbox" Width="155px" ReadOnly="True">
</asp:TextBox></td>
        </tr>
        <tr>
            <td class="label" style="height: 19px" valign="top" width="50%">
城市<br />
                <asp:TextBox ID="txtCity" runat="server" Text='<%# Bind("City")
%>' CssClass="checkoutTextbox" Width="155px" ReadOnly="True"></asp:TextBox>
</td>
            <td class="label" style="width: 100px; height: 19px;" valign="top">
邮编<br />
                <asp:TextBox ID="txtZip" runat="server" Text='<%# Bind("Zip")
%>' CssClass="checkoutTextbox" Width="65px" ReadOnly="True"></asp:TextBox>
</td>
        </tr>
        <tr>
            <td class="label" colspan="3" valign="top">地址<br />
                <asp:TextBox  ID="txtAddress"  runat="server"  Text='<%#  Bind
("Address")  %>'  CssClass="checkoutTextbox"  Width="330px"  ReadOnly="True">
</asp:TextBox></td>
        </tr>
```

```
    <tr>
        <td class="label" colspan="3" valign="top">电话号码<br />
            <asp:TextBox  ID="txtPhone"  runat="server"  Text='<%#  Bind
("Phone") %>' CssClass="checkoutTextbox" Width="155px" ReadOnly="True"></asp:
TextBox></td>
    </tr>
    <tr>
        <td class="label" colspan="3" style="height: 62px" valign="top">
Email<br />
            <asp:TextBox  ID="txtEmail"  runat="server"  Text='<%#  Bind
("Email") %>' CssClass="checkoutTextbox" Width="330px" ReadOnly="True"></asp:
TextBox></td>
    </tr>
    </table>
  </ItemTemplate>
  </asp:FormView>
```

（7）完成后运行页面查看效果。

【任务 11-25】制作提交订单功能。

实现提交订单的功能，需要在数据库中完成以下数据操作。

● 在订单表 Orders 中新增一条订单记录。

● 把用户购买商品的信息插入 OrderLineItem 订单明细表。

● 删除 Cart 购物车表中该用户购买商品的记录。

由于涉及的 SQL 语句较多，使用 ADO.NET 在代码中编程实现工作量大，代码可读性也不好，因此使用存储过程实现生成订单的功能。

具体步骤如下。

（1）创建存储过程。如图 11-22 所示，在"服务器资源管理器"窗格的"数据连接"节点下单击展开"PetShop"数据库节点，右击"存储过程"，在弹出的快捷菜单中选择"添加新存储过程"命令。

（2）在打开的 SQL 编辑窗口中添加以下代码。

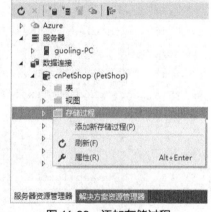

图 11-22　添加存储过程

```
CREATE PROCEDURE [dbo].[AddOrder]
    @Username varchar(256)
AS
BEGIN
    SET NOCOUNT ON;
    --插入新的订单记录
```

```
INSERT INTO Orders (Username, OrderDate)
VALUES (@Username, GETDATE());
DECLARE @OrderId int;
--获得自动生成的新订单号
SELECT @OrderId=@@IDENTITY;
--把用户购物车中查询到的商品及数量插入到订单明细表中，完成新订单的生成
INSERT INTO OrderLineItem (OrderId, ProductId, Quantity, ListPrice)
SELECT @OrderId, ProductId, Quantity, ListPrice
FROM Cart
WHERE Username = @Username;
--删除购物车中该用户的内容
DELETE FROM Cart WHERE Username = @Username;
END
```

（3）单击窗口左上角的更新按钮 ⬆更新(U) ，然后在弹出的"预览数据库更新"对话框中单击"更新数据库"按钮，保存 AddOrder 存储过程。

（4）生成订单。用户在结算页单击"提交订单"按钮，页面处理"提交订单"事件，调用存储过程 AddOrder 生成订单，并显示结果信息。打开 CheckOut.aspx 页面，双击"提交订单"按钮，进入代码页面的 FinishButton_Click 事件过程，编写代码如下。

```
// 提交订单，新增订单记录及订单明细记录，清空用户的购物车，显示结果信息
protected void FinishButton_Click(object sender, EventArgs e)
{
    SqlConnection  cn  =  new  SqlConnection (ConfigurationManager.
ConnectionStrings["cnPetShop"].ToString());     //创建数据连接
    string sql = "AddOrder";                    //SQL 语句指定为存储过程 AddOrder
    SqlCommand cmd = new SqlCommand(sql, cn);    //新建 SQL 命令
    cmd.CommandType = CommandType.StoredProcedure; //设置命令类型为存储过程
    cmd.Parameters.AddWithValue("@Username",
Session["UserName"].ToString());                //设置SQL参数@Username的值为当前用户
    cn.Open();   //打开连接
    cmd.ExecuteNonQuery();                       //执行存储过程
    cn.Close();   //关闭连接
    panFinish.Visible = true;                    //设置结果信息 Panel 为可见
    panForm.Visible = false;                     //设置提交订单区域 Panel 隐藏
}
```

（5）完成后测试运行效果。

至此，本项目所有设计与开发工作已经基本完成。最后，在"解决方案资源管理器"窗格中右击 Default.aspx 页面，选择"设为起始页"命令，运行网站对整个网站进行系统测试。

作为扩展练习，请读者自行完成本章项目中搜索页面 Search.aspx、收藏页面

WishList.aspx 的功能。

11.13 小结

　　本章的宠物商店项目是在前面章节的基础上，综合运用各种 ASP.NET 技术完成的，涉及大量动态网页开发的概念与常规做法，已经非常贴近实际的项目开发。可以发现，在实际开发项目的过程中，有很多具体功能、任务和效果的实现并没有在前面章节的知识讲解中涉及，实际上也不可能在任何一本书中全部涵盖。开发项目的过程就是培养独立分析问题、解决问题能力的过程，在实际的开发工作中要求养成经常查找文档，利用搜索引擎寻求问题解决方法的习惯，只有这样才能不断实现各种的功能效果要求，提升开发能力。

附　录

PetShop 网站主题样式表文件 StyleSheet.css 代码：

```css
/*********************网页公共元素外观控制*********************/
body{
    background-color: #E3E5DC;
    margin-left: 0px;
    margin-top: 0px;
    margin-right: 0px;
    margin-bottom: 0px;
    background-image: url(../../Comm_Images/bg-body.gif);
    background-repeat: repeat-x;
}
a:visited {
    color: #333;
    text-decoration: none;
}
a:hover {
    color: #1639A9;
    text-decoration: underline;
}
a:link {
    color: #333;
    text-decoration: none;
}
.label {
    font-family: Arial, Helvetica, sans-serif;
    font-size: 0.7em;
    color: #333333;
    margin-left: 20px;
    margin-bottom: 10px;
    text-align: left;
}
```

```
/*********************主页页头元素外观控制*********************/
.homeBody {
    background-color: #FFF;
    margin-left: 0px;
    margin-top: 0px;
    margin-right: 0px;
    margin-bottom: 0px;
    background-image: url(../../Comm_Images/home-bg-body.gif);
    background-repeat: repeat-x;
}
.divHome{
    position: relative;
    width: 780px;
    top: 0px;
    left: 0px;
    margin: 0px auto 0px auto;
    vertical-align:top;
}
#logoH{
    float:left;
}
.homeBgSearch {
    background-image: url(../../Comm_Images/bg-search.gif);
    background-repeat: repeat-x;
    background-position: top;
    padding-top: 20px;
    width:306px;
    height:129px;
    float:left;
}
.homeSearchBox {
    font-size: 0.8em;
    color: #404040;
    text-indent: 3px;
    background-color: #FFF;
    border-width: 1px;
    border-style: solid;
```

```
   border-top-color: #E9EED8;
   border-right-color: #C6C3B3;
   border-bottom-color: #ABAF94;
   border-left-color: #C6C3B3;
   height: 14px;
   padding-right: 5px;
}
.paddingSearchicon {
   padding-top:3px;
   padding-left:5px;
}
.homeLink
{
   font-family: Arial, Helvetica, sans-serif;
   font-size: 0.65em;
   color: #333;
   vertical-align: middle;
   padding-left:5px;
}
/********************主页主体元素外观控制********************/
#seahorse{
   width:112px;
   padding-top:15px;
   float:left;
}
#mainContent{
   position:relative;
   width:426px;
   top:-11px;
   float:left;
}
.bgControl {
   background-color: #E3E5DC;
}
.intro {
   font-family: Arial, Helvetica, sans-serif;
   font-size: 0.9em;
```

```
    font-weight: bold;

    color: #555555;

    padding-top: 20px;

    line-height: 18px;

    padding-left: 20px;

    padding-bottom: 20px;

    display: block;

    width: 300px;

}

.welcome {

    font-family: Arial, Helvetica, sans-serif;

    font-size: 0.9em;

    font-weight: bold;

    color: #FFFFFF;

    padding-left: 20px;

    height: 24px;

    background-color: #ABAF94;

    line-height:24px;

    vertical-align: middle;

}

.navigationLabel {

    color: #98A839;

    font-size: 0.9em;

    font-weight: bold;

    line-height:25px;

    font-family: Arial, Helvetica, sans-serif;

    padding-left: 20px;

}

.ctMenu{

    padding-left: 40px;

    height:200px;

}

.navigationLinks {

    font-family: Arial, Helvetica, sans-serif;

    font-size: 0.9em;

    color: #333;

    line-height: 2.2em;
```

```
    font-weight: bold;
    vertical-align:top;
    background-image: url(../../Comm_Images/dotten-line.gif);
    background-repeat: repeat-x;
    background-position: bottom;
    width:300px;
}
.fishPosition {
    position: relative;
    left: -60px;
    top: 13px;
    width: 241px;
    height: 300px;
    float:left;
}
.footerHome {
    font-family: Arial, Helvetica, sans-serif;
    font-size: 0.65em;
    text-transform: uppercase;
    color: #FFF;
    background-color: #122E87;
    padding-left: 18px;
    line-height: 16px;
}
/********************母版页页头元素外观控制********************/
.divMster{
    position: relative;
    width: 760px;
    height:100px;
    top: 0px;
    left: 0px;
    margin: 0px auto 0px auto;
    vertical-align:top;
}
.divLogoM{
    width:410px;
    float:left;
```

```
    }

    .signIn {
        background-color: #E9EED8;
        background-image: url(../../Comm_Images/bg-sign-in.gif);
        background-repeat: repeat-x;
        width:350px;
        height: 60px;
        padding-top:20px;
        float:left;
    }
    .textboxSearch {
        font-size: 0.8em;
        color: #000;
        text-indent: 3px;
        background-color: #FFF;
        border-width: 1px;
        border-style: solid;
        border-top-color: #E9EED8;
        border-right-color: #C6C3B3;
        border-bottom-color: #ABAF94;
        border-left-color: #C6C3B3;
        height: 14px;
        margin-left:5px;
    }
    .link {
        font-family: Arial, Helvetica, sans-serif;
        font-size: 0.65em;
        color: #333333;
        text-indent: 10px;
    }
    .disabledLink
    {
        font-family: Arial, Helvetica, sans-serif;
        font-size: 0.65em;
        text-transform: uppercase;
        color: #999999;
```

```css
    text-indent: 10px;
}
.checkOut {
    background-color: #ABAF94;
    margin-top:20px;
    padding-left:5px;
}
.linkCheckOut {
    font-family: Arial, Helvetica, sans-serif;
    font-size: 0.65em;
    text-transform: uppercase;
    color: #333333;
    text-indent: 7px;
    margin-right:20px;
}
/*********************母版页主体元素外观控制*********************/
.divTitle{
    position: relative;
    width: 760px;
    height:52px;
    top: 0px;
    left: 0px;
    margin: 0px auto 0px auto;
    vertical-align:top;
}
.divCenter {
    position: relative;
    width: 760px;
    top: 0px;
    left: 0px;
    margin: 0px auto 0px auto;
    vertical-align: top;
}
.leftMenu{
    float:left;
    width:115px;
}
```

```css
.mainContent{
    float:left;
    background-color:white;
    width:645px;
}
.breadcrumb {
    font-family: Arial, Helvetica, sans-serif;
    font-size: 0.7em;
    color: #333333;
    font-weight: bold;
    height:25px;
    text-align:right;
}
.pageHeader {
    font-family: Arial, Helvetica, sans-serif;
    font-size: 0.9em;
    font-weight: bold;
    color: #FFFFFF;
    background-color: #0A1B50;
    text-indent:16px;
    height:18px;
    width:645px;
    margin-left:115px;
}
.dottedLine {
    background-image: url(../../Comm_Images/dotten-line.gif);
    background-repeat: repeat-x;
    background-position: bottom;
    height: 8px;
}
.mainNavigation {
    font-family: Arial, Helvetica, sans-serif;
    font-size: 0.7em;
    text-transform: uppercase;
    padding-left: 2px;
    color: #333333;
    font-weight: bold;
```

```
        line-height: 20px;

        padding-right: 5px;

        display:block;

        height:100%;

    }

    .footer {

        font-family: Arial, Helvetica, sans-serif;

        font-size: 0.65em;

        text-transform: uppercase;

        color: #FFF;

        background-color: #ABAF94;

        padding-left: 18px;

        line-height: 16px;

    }

    /****************登录页 SignIn.aspx 元素外观控制********************/

    .signinPosition {

        position: relative;

        width: 420px;

        height:200px;

        top: 0px;

        left: 0px;

        margin: 0px auto 0px auto;

        vertical-align:top;

    }

    .signinHeader {

        font-family: Arial, Helvetica, sans-serif;

        font-size: 1.0em;

        font-weight: bold;

        text-align: left;

        white-space: nowrap;

        color: #333333;

        padding-top: 5px;

        padding-bottom: 5px;

        line-height:30px;

    }

    .signinLabel {

        font-family: Arial, Helvetica, sans-serif;
```

```
        font-weight:normal;
        color: #333333;
        font-size: 0.9em;
    }
    .ErrorLabel {
        font-family: Arial, Helvetica, sans-serif;
        font-weight:bold;
        color: #CC3300;
        font-size: 0.9em;
        margin-bottom:30px;
        margin-left:100px;
    }
    .signinTextbox {
        font-size: 0.9em;
        color: #000;
        text-indent: 3px;
        background-color: #EAE9E4;
        border-width: 1px;
        border-style: solid;
        border-top-color: #C6C3B3;
        border-right-color: #7C7D6A;
        border-bottom-color: #000;
        border-left-color: #7C7D6A;
        height: 16px;
        margin-right: 2px;
        margin-left:30px;
    }
    .signinButton {
        font-family : Tahoma, Arial, Helvetica, sans-serif;
        background-color:#FB9D00;
        font-size: 0.85em;
        color: #FFF;
        text-decoration: none;
        font-weight: bold;
        cursor: hand;
        border: 1px solid;
        border-bottom-color:#F07C00;
```

```
    border-top-color: #FFCC00;
    border-right-color:#F07C00;
    border-left-color:#FFCC00;
    padding-right: 5px;
    padding-left: 5px;
    margin-left: 230px;
    margin-top: 5px;
}
.linkNewUser {
    font-family: Arial, Helvetica, sans-serif;
    font-size: 0.8em;
    text-transform: uppercase;
    color: #333333;
    text-indent: 3px;
    margin-top: 15px;
}
.signInContent {
    font-family: Arial, Helvetica, sans-serif;
    font-size: 0.8em;
    background-color: #FFFFFF;
    white-space: nowrap;
    color: #333333;
    padding-top: 10px;
    padding-bottom: 10px;
}
.welcomeName {
    font-size: 0.7em;
    font-weight: bold;
    white-space: nowrap;
    text-indent: 37px;
    color: #555;
    font-family: Arial, Helvetica, sans-serif;
}
/**************注册新用户页 NewUser.aspx 元素外观控制****************/
.signinNewUser {
    font-family: Arial, Helvetica, sans-serif;
    font-size: 0.8em;
```

```css
    text-transform: uppercase;
    color: #333333;
    text-indent: 3px;
}
/*************我的资料页 UserProfile.aspx 元素外观控制****************/
.profilePosition {
    position: relative;
    width: 360px;
    top: 0px;
    left: 0px;
    margin: 0px auto 0px auto;
    vertical-align:top;
}
.info {
    font-family: Arial, Helvetica, sans-serif;
    font-size: 0.8em;
    color: #333333;
    margin-bottom: 15px;
    text-align: left;
}
/***************商品页 Products.aspx 元素外观控制******************/
.divLeft{
    float:left;
    width:148px;
    margin-right:10px;
}
.divRight{
    float:left;
    width:120px
}
.productName {
    font-family: Arial, Helvetica, sans-serif;
    font-size: 1em;
    font-weight: bold;
    color: #333333;
    padding-bottom: 8px;
}
```

```
.productDescription {
    font-family: Arial, Helvetica, sans-serif;
    font-size: 0.7em;
    font-weight: normal;
    color: #333333;
    padding-bottom: 8px;
}
.itemText {
    font-family: Arial, Helvetica, sans-serif;
    font-size: 0.7em;
    font-weight: normal;
    color: #333333;
    padding-bottom: 5px;
    line-height: 1.3em;
}
.linkCart {
    text-transform: uppercase;
    font-size: 1em;
    font-weight: bold;
    padding-top: 16px;
    padding-bottom: 10px;
    padding-left: 21px;
    cursor: hand;
    background-image: url(../../Comm_Images/button-cart.gif);
    background-repeat: no-repeat;
    background-position: 0px;
    line-height:35px;
}
.linkWishlist {
    text-transform: uppercase;
    font-size: 1em;
    font-weight: bold;
    padding-top: 4px;
    padding-left: 21px;
    cursor: hand;
    background-image: url(../../Comm_Images/button-wishlist.gif);
    background-repeat: no-repeat;
```

```
}
/************购物车页 ShoppingCart.aspx 元素外观控制***************/
.cartPosition {
    position: relative;
    width: 400px;
    top: 0px;
    left: 0px;
    margin: 0px auto 0px auto;
    vertical-align:top;
    padding-top: 50px;
    padding-bottom: 33px;
}
.linkCheckOut {
    font-family: Arial, Helvetica, sans-serif;
    font-size: 0.65em;
    text-transform: uppercase;
    color: #333333;
    text-indent: 7px;
}
.cartHeader {
    font-family: Arial, Helvetica, sans-serif;
    font-size: 0.9em;
    font-weight: bold;
    text-align: left;
    white-space: nowrap;
    color: #333333;
    width: 387px;
    padding-bottom: 16px;
}
.labelLists {
    font-family: Tahoma, Arial, Helvetica, sans-serif;
    font-size:  0.7em;
    font-weight: bold;
    color: #747C6D;
    vertical-align: bottom;
    background-image: url(../../Comm_Images/bg-labelLists.gif);
    text-align:left;
```

```
        line-height: 21px;
        padding-left: 5px;
        text-indent: 2px;
        padding-right: 5px;
        padding-top: 8px;
        padding-bottom: 1px;
        border-bottom-width: 2px;
        border-bottom-color: #FFF;
        border-bottom-style: solid;
}
.listItem {
        font-family: Tahoma, Arial, Helvetica, sans-serif;
        font-size: 0.7em;
        color: #333333;
        text-decoration: none;
        line-height: 15px;
        padding-left: 5px;
        padding-right: 5px;
        padding-bottom: 2px;
        padding-top: 2px;
        white-space: nowrap;
        text-align: left;
        background-color:#E8EADD;
}
.dottedLineCentered {
        background-image: url(../../Comm_Images/dotten-line.gif);
        background-repeat: repeat-x;
        background-position: center;
        height: 8px;
        width:400px;
}
.total {
        font-family: Arial, Helvetica, sans-serif;
        font-size: 0.7em;
        font-weight: bold;
        color: #000000;
        padding-top: 10px;
```

```
    padding-right: 30px;

    line-height: 1.5em;

    text-align:right;

}

.otherCon

{

    width:400px;

    text-align:right;

    margin-top:20px;

}
/***************结算页 CheckOut.aspx 元素外观控制*****************/
.checkoutContent {

    font-family: Arial, Helvetica, sans-serif;

    background-color: #FFFFFF;

    white-space: nowrap;

    color: #333333;

    width:270px;

    padding-left: 150px;

    padding-top:20px;

    padding-bottom: 33px;

}

.checkoutHeaders{

    font-family: Arial, Helvetica, sans-serif;

    font-size: 0.9em;

    font-weight: bold;

    color: #333333;

    text-transform: capitalize;

    white-space: nowrap;

    height: 30px;

    padding-top: 3px;

    padding-bottom: 5px;

}

.checkoutButtonBg {

    background-image: url(../../Comm_Images/dotten-line.gif);

    background-repeat: repeat-x;

    background-position: top;

    text-align:right;
```

```
    width:336px;
}
.continue {
    font-family: Tahoma, Arial, Helvetica, sans-serif;
    font-size: 0.7em;
    color: #000;
    text-decoration: none;
    font-weight: bold;
    background-image: url(../../Comm_Images/button-continue.gif);
    background-repeat: no-repeat;
    background-position: right 7px;
    padding-right: 22px;
    padding-top: 9px;
    margin-right: 7px;
    cursor: hand;
    line-height: 40px;
}
.submit {
    font-family: Tahoma, Arial, Helvetica, sans-serif;
    background-color:#FB9D00;
    font-size: 0.7em;
    color: #FFF;
    text-decoration: none;
    font-weight: bold;
    cursor: hand;
    line-height: 30px;
    border: 1px solid;
    border-bottom-color:#F07C00;
    border-top-color: #FFCC00;
    border-right-color:#F07C00;
    border-left-color:#FFCC00;
    padding-right: 10px;
    padding-left: 10px;
    padding-top: 1px;
    padding-bottom: 1px;
}
.checkOutLabel {
```

```
        font-family: Arial, Helvetica, sans-serif;
        font-size: 0.7em;
        color: #333333;
        margin-left: 3px;
        margin-bottom: 10px;
        text-align: left;
    }
    .back {
        font-family: Tahoma, Arial, Helvetica, sans-serif;
        font-size: 0.7em;
        color: #000;
        text-decoration: none;
        font-weight: bold;
        background-image: url(../../Comm_Images/button-back.gif);
        background-repeat: no-repeat;
        background-position: left 7px;
        padding-left: 22px;
        padding-top: 9px;
        margin-left: 7px;
        cursor: hand;
        line-height: 40px;
    }
    .checkoutTextbox {
        font-size: 1em;
        color: #000;
        text-indent: 3px;
        background-color: #EAE9E4;
        border-width: 1px;
        border-style: solid;
        border-top-color: #C6C3B3;
        border-right-color: #7C7D6A;
        border-bottom-color: #000;
        border-left-color: #7C7D6A;
        height: 16px;
        margin-top: 1px;
    }
    .checkoutDropdown {
```

```
    font-size: 1em;
    color: #000;
    text-indent: 3px;
    background-color: #EAE9E4;
    border-width: 1px;
    border-style: solid;
    border-top-color: #C6C3B3;
    border-right-color: #7C7D6A;
    border-bottom-color: #000;
    height: 20px;
    margin-top: 2px;
}
/*************************************************************/
```